牦牛常见疾病防治

张 斌 汤 承 主编

中国农业出版社

北 京

编写人员

主　编　张　斌　汤　承

编　者　（按姓氏笔画排序）

王远微　任玉鹏　向　华

汤　承　杨发龙　张　斌

张焕容　陈朝喜　岳　华

黄艳玲

前 言

　　牦牛是生活在青藏高原特定生态气候条件下的特有畜种，主要分布在海拔 3 000～5 000m 的高寒地区，是当地牧民不可或缺的生产生活资料。我国牦牛存栏约 1 700 万头，约占世界总量的 95％。牦牛养殖业是青藏高原草地畜牧业的支柱产业，在我国畜牧业中占有重要地位。

　　当前牦牛养殖仍然以天然放牧为主，同时也出现了放牧加补饲和集中育肥等新型养殖模式。青藏高原地区自然环境恶劣、饲养管理粗放、基层兽医工作基础薄弱等问题，导致牦牛疾病流行严重，影响青藏高原牦牛养殖业的健康发展；同时布鲁氏菌病、炭疽和结核病等人兽共患病也给牦牛公共卫生安全带来极大危害，成为青藏高原农牧民脱贫奔小康的主要障碍之一。为此，我们组织编写了《牦牛常见疾病防治》一书，以期对青藏高原基层畜牧兽医工作者和牦牛养殖从业人员有所裨益，为更好地发展牦牛养殖业贡献力量！

　　本书共分六章，系统介绍了牦牛疾病防控基本知识、重大传染病、常见传染病、常见寄生虫病、常见普通病、常用疫苗和药物的使用等内容。本书以实用性为原则，所列疾病以常见病、多发病为主，内容丰富，重点突出，通俗易懂，可为防控牦牛疾病提供技术支持。

书中错误与不足之处在所难免，恳请读者批评指正。

编　者

2020 年 12 月

目 录

CONTENTS

Chapter 1

第一章
牦牛疾病防控基本知识

第一节　牦牛健康养殖与疾病防控

牦牛的健康养殖是指为牦牛提供充足的营养和良好的环境，尽量减少疾病发生，使牦牛个体健康、产品营养丰富且无污染，并使养殖环境无污染，实现养殖生态体系平衡。

营养物质是牦牛生长发育的基础。科学地供给营养不但能保证牦牛高效生产，而且能提高牦牛的抗病能力。牦牛的生长、繁殖需要摄入蛋白质、碳水化合物、脂肪、矿物质和微量元素、维生素等营养物质。牦牛获得营养物质的主要途径是牧草，当牧草供应不足时，应及时补充营养物质，尤其是妊娠母牛和犊牛。

牦牛的健康养殖应树立"养重于防，防重于治"的现代疾病防控观点。良好的饲养管理能够提高牦牛的免疫力，减少疾病的发生，提升疾病防控的效果。应根据牦牛的不同生长阶段及季节进行科学的饲养管理。

初夏：做好犊牛的接产和护理，非留种牛去势阉割。

入夏：修剪绒毛，配合防疫部门进行重要疫病的预防接种，以及驱虫。

夏秋：保证牧草丰富，营养充足。产乳牦牛进行挤奶以及相关乳制品的生产；产肉牦牛进行放牧育肥；产犊牦牛进行配种；收割青草进行贮存，为牦牛过冬补饲做准备。

初冬：育肥后的产肉牦牛屠宰或者售卖，以免过冬掉膘；

整理圈舍，搭建或修整暖棚，为牦牛过冬做准备。

冬春：新生犊牛断奶分群；妊娠母牛保胎护理，牦牛群体进入暖棚过冬，犊牛、妊娠母牛以及体弱牛进行补饲，以保持膘型，控制死亡，保证顺利过渡到牧草长出。

第二节　牦牛疾病的临床检查

一、临床检查技术

基本的临床检查技术主要包括问诊、视诊、触诊、叩诊和听诊。

（一）问诊

问诊就是向患病牦牛的主人或饲养人员询问有关牦牛发病的各种情况，这是诊断每一头牦牛疾病前必须进行的一项重要工作。问诊的内容包括三方面：一是发病前的情况，主要包括曾患病、附近发生传染病和预防接种等情况。这些信息，对了解牦牛现在所患疾病与过去疾病的关系以及对牦牛传染病和地方性疾病的分析都有重要的实际意义。二是发病后的病况，重点询问发病的时间、发病后的表现以及发病的经过。三是询问饲养管理情况，如饲料种类、数量，牛舍的卫生和环境条件，挤奶的方式和次数等。

（二）视诊

视诊是用肉眼直接视察患病动物，其中也包括借助某些简单的器械（如反光镜、放大镜等）观察病牛以发现症状的方法。

1. 方法　接近患病牛时，尽量使患牛保持自然姿势，先视察全貌，由前往后，从左到右，观察头、颈、胸、腹、四肢、肛门及阴门部；观察者站在牛的后方，观察患病牛胸腹部及乳房是否左右对称。牵遛患病牛，观察运动时步态有无异常。最后进行细部观察。

2. 应用范围 外貌（体格发育、营养等）、精神、运动、姿势、皮肤与被毛、可视黏膜、某些生理活动与病后表现等。通过视诊，不仅能发现单个患牛的异常，还能从群体中识别出单个的病牛。

（三）触诊

触诊是利用手指、手掌或手背，有时可用拳头对患牛某些部位进行检查的方法。

1. 方法 检查体表的温度、湿度时，应以手掌或手背接触患病牛皮肤进行感知。检查局部肿胀物的硬度，应以手指进行捏压或揉捏。判断局部敏感性时，用指尖突然触及，观察患牛有无躲闪或反抗。对网胃、瓣胃、真胃需用深部触诊法，即用手指（四指并拢）、手掌或拳以插入、冲击等方法感知内容物的硬度及患病牛有无敏感性。

2. 应用范围 触诊常用于检查体表状态；检查脉搏、瘤胃蠕动情况；感知腹部脏器的位置、大小、形状及内容物；检查身体某些部位的敏感性。

（四）叩诊

叩诊是敲打牛体表的某一部位，根据所产生的声响性质推断内部病理变化的一种方法。

1. 方法 有直接与间接叩诊法两种。

（1）直接叩诊 用手指或叩诊锤直接向牛体表的一定部位叩击，根据叩击所产生的声音性质来判断疾病的方法。

（2）间接叩诊 将叩诊板放于牛身体某一部位，用叩诊锤叩击叩诊板，以听取其组织器官发出的音响。

2. 应用范围 直接叩诊常用于检查副鼻窦、额窦、瘤胃及肠管，以判断其内容物性状、含气量及紧张度。间接叩诊用于胸部，以判断肺的病变、心脏的大小及胸腔积液；也用来叩击腹部，以判断皱胃变位、胃肠道臌气等。

3. 叩诊音 叩诊的基本音调有 4 种。

（1）清音　又叫满音，叩击健康牛的肺部所发出的声音。

（2）浊音　又叫实音，叩击不含空气的肌肉组织所发出的声音。

（3）半浊音　叩击肺的边缘，发出的声音界于清音与浊音之间。

（4）鼓音　叩击含气量较多的器官（如瘤胃上部）所发出的类似敲鼓的声音。

4. 注意事项　叩诊时用力不宜过大，对病变部位较深、面积较大的患病牛可用强叩诊，对浅表部位的叩诊宜用轻叩诊。对每个叩诊点，应用短促、快速的方式连续叩击 2～3 次，必要时与对称部位进行比较。叩诊对发现肺部疾患、胸腹积液、皱胃变位、胃肠道臌气等有较大的诊断价值，因此应熟练掌握。

（五）听诊

听诊是听取患病牛某些器官在活动过程中所发出的声音，借以判断其病理变化的方法。

1. 方法　将听诊器放置于欲听部位进行听诊，这种方法为广大兽医工作者普遍接受，其用途较广。听诊器为兽医工作者随身必备的器械之一。

2. 应用范围　常用来听取心音，判断心脏的器质性或机能性变化。对喉、气管、肺部进行听诊，可判断生理性呼吸音与病理性呼吸音。对胃肠道进行听诊，依据蠕动音的强弱、持续时间、次数，判断胃肠功能，特别是在诊断牦牛的前胃疾病时，听诊特别重要。

二、个体检查

个体检查是指用视诊、触诊方法，对患病牛的全身状态、被毛与皮肤、体表淋巴结、眼结膜等进行检查，并测定体温、脉搏、呼吸数。个体的一般检查是诊查病牛的初步阶段，对下一步检查具有指导意义。

1. 全身状态的视察

（1）体格发育与营养　一般根据骨骼及肌肉组织的质量来确定牛的体格或发育情况。营养良好的健康牛，其体躯粗壮、结构匀称、肌肉壮实，被毛平滑而有光泽。患病牛营养不良，体躯矮小，结构不匀称，肋骨显露、骨骼变形，被毛粗乱无光，给人以软弱乏力的印象。

（2）精神状态　精神状态可反映牛中枢神经系统机能状况。健康牛表现为静止时较安静，行动时较灵活，目光明亮，对各种刺激反应敏感，被毛平顺光滑。患病牛精神不振时，表现为眼半闭，行动迟缓、呆立或者卧地不起，对周围刺激反应迟钝。病牛精神兴奋时可见惊恐不安，甚至有攻击人的行为，有时可见毫无目标地向前冲或转圈。

（3）姿势和步态　健康牛站立时姿势自然、动作灵敏而协调，卧地时四肢集于腹下，起立时先抬后肢，动作缓慢。患病牛则出现异常姿势和步态，如全身僵直、步态不稳，状如醉酒。

2. 体温、脉搏及呼吸数的测定　测定体温、脉搏及呼吸数，是个体检查中最基本的内容之一，对诊断疾病、推断预后具有重要意义。

（1）体温　通常以直肠温度代表动物的体温。正常体温犊牛为 38.5～39.5℃，青年牛为 38.0～39.5℃，成年牛为 38.0～39.0℃。健康牛的体温，昼夜间略有变动，即下午比上午高 0.5℃。以下为体温变化的意义。

①体温升高：患病牛体温比正常体温增高 1℃称为微热，增高 2℃为中热，增高 3℃为高热。体温升高一般提示有传染病或炎性疾病，如牛流行热、急性肠炎等。体温越高，说明病情越严重。把每天早晚测定的体温在表格中做标记，再把各点连起来，可形成一条曲线，称为体温曲线或热型。第一种热型

称稽留热，即连续 3d 以上高热，每日早晚温差在 1℃ 以内，见于传染性胸膜肺炎、犊牛副伤寒等。第二种热型为弛张热，连续数日发热，体温日差在 1℃ 以上，多见于化脓性疾病、支气管肺炎等。第三种热型称间歇热，即发热数日，不发热数日，如此有热期与无热期交替出现，见于慢性结核、泰勒虫病等。

②体温低下：见于大失血、内脏破裂、中毒性疾病及心力衰竭。体温若在 36℃ 以下，常为濒死的标志。

（2）脉搏数　触摸脉搏，常在牛尾下面的尾中动脉进行，一般用食指与中指置于距牛尾根 5～10cm 的尾下面，大拇指置于尾上面，稍用力按压即可感知脉搏跳动，记录每分钟脉搏跳动次数，并体会脉搏的性质。健康牦牛脉搏数，犊牛为 90～110次/min，青年牛为 70～90 次/min，成年牛为 60～80 次/min。

①脉搏数增加：见于发热性疾病，一般体温每升高 1℃，脉搏数增加 12～18 次/min；另外见于贫血及失血性疾病、氧气供应不足的心肺性疾病、疼痛性疾病及某些中毒病。

②脉搏数减少：见于某些脑病、胆血症、某些中毒性疾病以及疾病的濒死期。

（3）呼吸数　测定牦牛每分钟的呼吸次数，以次/min 表示。一般可根据牦牛胸腹部的起伏动作而定，一起一伏为一次呼吸，在寒冷的冬季，也可观察牦牛呼出气流来测定呼吸数。健康牦牛的呼吸数，犊牛为 30～50 次/min，青年牛为 20～35 次/min，成年牛为 15～35 次/min。注意牦牛在采食后卧地时、妊娠母牛、外界温度过高时，呼吸次数增加为生理性增加。

①呼吸数增加：见于发热性疾病及肺的呼吸面积减少的肺炎、胸膜炎。此外见于贫血、失血性疾病以及腹压升高的疾病、疼痛性疾病等。

②呼吸数减少：主要见于颅内压显著升高，某些中毒与代谢紊乱。当上呼吸道高度狭窄时，由于每次吸气时间过长，也可引起呼吸数减少。

3. 皮肤与被毛的检查

（1）牛鼻镜的观察　牛鼻孔周围无毛部的皮肤称为鼻镜，健康牦牛鼻镜湿润并有少量小水珠，触之有凉感。牛鼻镜干燥为发热性疾病的标志；牛鼻镜干燥龟裂，为患病时间较长的标志，如牦牛患创伤性网胃炎、皱胃阻塞等疾病时，常见鼻镜龟裂、鼻孔流污秽脓性鼻液。

（2）被毛的检查　牦牛的被毛细软光滑，黑毛油黑发亮，白毛滑润洁净。疾病时被毛蓬松粗乱、失去光泽。易脱毛或换毛季节推迟，多是营养不良和慢性消耗性疾病的表现。局部脱毛，应检查有无湿疹、真菌性毛癣。肛门附近、尾部及后肢等处被毛被粪便污染或结痂，说明该牛患腹泻性疾病。

（3）皮肤的检查　用手触摸牛的胸腹侧、四肢、耳根的皮肤，感知皮温是否增高。全身性皮温增高，见于发热性疾病；局限性皮温增高是局部发炎的结果。全身性皮温较低，见于衰竭症、大失血、生产瘫痪。皮温不均匀，特别是四肢、耳根皮肤冰凉，说明血液循环障碍或处于疾病的濒死期。

检查皮肤弹性时，用手将肋骨后方的皮肤捏起呈一皱襞，片刻后放手，若皮肤皱襞立即恢复原状，说明皮肤弹性良好，是健康的标志。如果放手后恢复很慢，说明皮肤弹性不好，见于营养不良、脱水及皮肤病等。注意皮下组织有无炎性肿胀、浮肿、气肿、血肿、脓肿及肿瘤等变化。另外，检查皮肤时，还应注意口唇周围、蹄部趾间等处有无丘疹、水疱、脓疱等，这是诊断牛口蹄疫的重要依据。

4. 眼结膜的检查　眼结膜是可视黏膜的一部分，根据结膜颜色变化可推断全身血液循环状态和血液某些成分的改变，在诊断和预后的判定上都有一定的意义。由于牛皮肤色素较深，无法辨认皮肤颜色，因此，结膜颜色的观察就显得更为重要。

结膜颜色的变化：①潮红。比正常颜色稍红，见于发热、肺炎、胃肠炎及血液循环障碍。②苍白。贫血的象征，见于各种贫血、牛泰勒虫病、血红蛋白尿病等。③黄染。胆色素代谢障碍的结果，见于牛肝片吸虫引起的胆管阻塞、实质性肝炎及溶血性疾病。④发绀。结膜呈蓝紫色，见于血中二氧化碳过多、氧供给不足、亚硝酸盐中毒等。

结膜检查还要看有无出血点或出血斑，牛患泰勒虫病时，结膜带有出血斑。

5. 体表淋巴结的检查　用触诊的方法，触摸体表淋巴结，判断其大小、硬度、温度、活动性与牦牛疼痛反应。常检查的体表淋巴结有颌下淋巴结、肩前淋巴结、膝上淋巴结、乳房上淋巴结等。

（1）淋巴结急性肿胀　表现体积增大，质地坚硬或有波动感，病牛有热、痛反应。见于炭疽、牛泰勒虫病等。

（2）淋巴结慢性肿胀　病牛多无热痛反应，淋巴结质地坚硬，表面不光滑，且不易向周围移动。见于结核病及牛淋巴性白血病等。

三、群体检查

群体检查可通过问诊，查阅病历、资料与记录，现场巡检，畜群及个体的临床观察和检查，病理剖检等，作出初步的诊断，并对潜在发生的疾病提出预警方案。群体检查工作的基本范围和内容通常应包括：

1. 畜群的历史调查

（1）本场周围地区或附近场畜禽疫病的动态及不安全因素。

（2）畜群的规模、组成、来源和繁育情况。

（3）畜群以往发病情况，发病率、死亡率，检疫内容及其结果，有无隐性传染病（如传染性贫血、牛的结核病及布鲁氏菌病）。

（4）防疫制度及措施、执行情况，驱虫制度，预防接种的实施情况等。

2. 畜群的环境检查

（1）牧场的情况　地理，地形，植被及有毒植物，土质、水源及水质，局部小气候，工厂有无污染，交通和道路情况等。

（2）畜舍情况　建筑结构，光照、通风设施，保温、卫生条件，消毒措施等。

3. 饲养情况

（1）牧草的充足程度。

（2）除了牧草之外，补饲情况以及维生素、矿物质、微量元素的供应。

（3）补饲饲料的贮存、加工的方法和过程。

（4）放牧时间、地点、转场等情况。

4. 生产性能

（1）挤奶的数量和质量，种公畜的配种能力、精液质量，母畜的受胎率及繁育能力等。

（2）生产组织、管理制度，人员的业务熟练程度。

5. 牛群的一般检查　检查群牛的精神状态、体态和营养、运动和姿态、采食饮水活动、粪便性状及离群情况，观察牛的天然孔及分泌物和排泄物、呼吸状态、采食后反刍活动、嗳气情况、被毛等。

群体检查，一方面可在畜群中早期发现病畜，以便及时采取措施，防止病情蔓延；另一方面可预见畜群的发病先兆，随时觉察饲养、管理、卫生、防疫等方面的不合理条件和不安全因素，以期及时改进，防病于未然。

第三节　牦牛疾病的常用治疗技术

一、灌药法

适用于灌服少量水剂、未完全碾细的中药及健胃剂。经口灌药可刺激牦牛味觉感受器，达到促进消化液分泌的作用，并具有方便、省时、省力等优点，所以在临床治疗上应用较多。灌药时要注意每次灌入药量不宜太多，动作不能过急，防止牦牛将药剂误咽入气管。灌药过程中，病牛发生强烈咳嗽时应暂停灌服，并放低头部，待咳完安静后再灌。

二、胃管投药法

适用于灌服大量水剂、油类及流质药液。胃管的使用也是诊断、治疗食道及胃部疾患的重要手段。在投药前一定要判断准确，证明胃管在食道，才能灌药。灌药中病牛如有喘咳不安，应立即停灌，并将牛头拴低。插管时，要沿下鼻道送入，若刚插进十几厘米就不能前进，可能是插入上鼻道的盲囊，应退后再插。如遇鼻黏膜损伤造成鼻出血，应将牛头吊高，不久鼻出血可自停。

三、皮下注射法

无刺激性的药、疫（菌）苗、血清等，均可皮下注射。如药液量较多，应分点皮下注射；刺激性药物不能皮下注射；皮下水肿或局部皮肤有病变的地方不能注射。

四、肌内注射法

肌肉内血管丰富，药液吸收较快。一般刺激性较强、吸收较难的药剂（水剂、乳剂、油剂等）均可注射；多种疫（菌）

苗的接种均可采用肌内注射。药量大时，应分点肌内注射。针头刺入肌肉的深度，一般以针头长度的 2/3 即可，不要将针头全部刺入肌肉，以免折断时难于拔出。不要在同一部位反复注射，以免引起局部肿胀、化脓。

五、静脉注射法

药液量大，具刺激性的药液，皮下和肌内注射可引起局部肿胀和坏死的药物以及需要药物迅速发生效力时，应使用静脉注射。

六、腹腔注射法

腹膜腔能容纳大量药液并有较强的吸收力，所以静脉注射有困难时，可通过腹腔输液。此外，腹膜炎的治疗及某些疾病的腹腔封闭疗法均要用腹腔注射法。术部、器械应严格消毒，以防感染。腹腔内不要注入有刺激性的药物。输入大量等渗溶液，应事先将药液加温。

七、乳房灌注与乳房送风法

将药物通过乳导管注入乳池内，主要用于治疗乳腺炎；通过乳导管送入空气，用来治疗生产瘫痪。使用乳导管时，其前端应涂消毒的润滑油。如使用尖端磨平的针头代替乳导管，注意尖端一定要磨光滑，防止损伤乳头管黏膜。乳房灌注应选用刺激性小或无刺激性的药液；青霉素的浓度也不能过高。要遵守无菌操作，以防感染。

八、瘤胃穿刺法

瘤胃臌气严重时，穿刺法可作为紧急排气的治疗措施。必要时，可通过瘤胃穿刺采取少量瘤胃内容物或注入某些防腐制酵剂。放气速度不宜过快，以防发生急性脑贫血。为采取瘤胃内容物而进行穿刺时，穿刺部位宜在肷窝的下部。须经套管注入药液时，注药前一定要确切判定套管在瘤胃内，才能进行。

第四节　牦牛传染病防治原则

一、牦牛传染病防控的措施

1. 坚持自繁自养　很多传染病都是从外地引入牦牛的过程中，由于误引入患病牦牛、隐性感染牦牛（临床症状不明显）或带菌（毒）牦牛所引起的。所以，饲养牦牛以当地自繁自养为最好。如果需要引进，应从无疫区调入经过严格检疫的健康牦牛。

2. 定期检疫　牦牛场应重点进行口蹄疫、结核、布鲁氏菌病和炭疽的检疫，有条件的应开展牛白血病、蓝舌病、牛结节性皮肤病等的检疫。

3. 消毒　牦牛天然放牧的环境无法进行消毒，但应对圈养的牦牛场地和冬季暖棚进行消毒，主要包括圈养场地或者暖棚消毒，饮水消毒，饲喂工具、料槽用具消毒，人员消毒以及牛体消毒。

4. 免疫接种　除了国家规定的强制性免疫病种如口蹄疫外，还应根据当地牦牛疫病发生的种类和流行情况来决定注射疫苗的种类，如犊牛副伤寒、炭疽、牛出血性败血症等，有计划、有组织地进行免疫接种。

5. 加强饲养管理　加强牦牛群的饲养管理，保证营养物质的供给，提高牦牛机体的抵抗力。

二、重大牦牛疫病

牦牛发生重大传染病，如口蹄疫、炭疽、布鲁氏菌病等，必须按照国家相关规定进行处置。疑似发生重大传染病时，应立即采取应急措施，具体应做好以下工作。

1. 报告疫情　任何单位或者个人发现患有我国规定的重要传染病或者疑似重要传染病的牦牛，都应及时向当地动物防疫监督机构报告。动物防疫监督机构应当迅速采取措施，并按照国家有关规定上报。任何单位和个人不得瞒报、谎报或阻碍他人报告动物疫情。

2. 隔离患病牦牛　患病牦牛是最主要的传染源，因此，隔离患病牦牛是控制传染源的重要措施，可防止病原体进一步扩散，以便将疫情控制在最小范围内并就地扑灭。具体方法是划出专门的隔离场地及圈舍，与健康牦牛的饲养场地或圈舍完全隔离，配备专人饲养。隔离区内的用具、饲料、粪便等，未经彻底消毒处理，不得运出。没有治疗价值的患病牦牛，严格按照国家有关规定进行处理。可疑感染的牦牛，应另选地方将其隔离、看管，限制其活动，详加观察，出现症状的则按患病牦牛处理，未出现症状的牦牛应立即进行紧急免疫接种或预防性治疗。

3. 封锁疫区　发生传染病的地区称为疫区，范围更小一点的如某一个村子或院落称为疫点。发生动物疫病时，当地县级以上人民政府畜牧兽医行政管理部门应当立即派人到现场，划定疫点、疫区、受威胁区，采集病料，调查疫源，及时报请同级人民政府对疫区实施封锁，将疫情等情况逐级上报国务院畜牧兽医行政管理部门。

4. 扑杀病牛　按照中华人民共和国农业农村部农业行业标准对疫病控制和扑灭的办法扑杀病牛。

5. 紧急接种　指发生传染病时，为了迅速控制和扑灭疫病，而对疫区和受威胁区内尚未发病的牦牛进行的应急性免疫接种。

6. 消毒　指在发生传染病时，为了及时消灭病畜排出的病原体所进行的紧急消毒措施。可根据实际需要，每天多次或随时进行消毒。在解除封锁前，为了消灭疫区（点）内可能残留的病原体，必须进行全面彻底的大消毒。

7. 药物防治 由于某些疫病尚没有安全有效的疫苗，在疫区内，采用药物预防可收到显著的效果。对患病牦牛进行治疗，一方面是为了治疗，减少损失；另一方面也是为了消灭传染病。治疗时，应以针对病原体的对因治疗为主，选用特异性的药物，杀灭患病牦牛体内的病原体。

Chapter 2

第二章
牦牛重大传染病

第一节　口　蹄　疫

口蹄疫是由口蹄疫病毒引起的一种急性、热性、高度接触性传染病，其临床特征是口腔黏膜、蹄部和乳房皮肤出现特征性的水疱或溃疡，其溃疡形成烂斑。世界动物卫生组织将其列为 A 类动物疫病，我国将其列为一类动物疫病。

一、诊断要点

根据本病流行特点、临床症状、病理变化，易于做出初步诊断。确诊需通过实验室检测进行诊断。

【流行特点】　牦牛对口蹄疫病毒较易感，患病动物是本病最主要的传染源。患病动物能从水疱液、口涎、乳汁、粪尿、泪液等排出病毒。本病可通过呼吸道、消化道以及损伤黏膜皮肤感染。直接和间接接触、饮水和空气，被污染的车辆、器具等都可传播本病。本病毒也可随风远距离传播。本病传播迅速、流行猛烈，有时在同一时间内，牛、羊、猪等一起发病，且发病动物数量较多，对畜牧业危害相当严重。本病流行有一定周期性，发生季节因地区而异，牧区常表现为秋末开始，冬季加剧，春季减轻，夏季平息。但近几年口蹄疫常表现为一年四季均有发生、流行。

【临床症状】　牦牛感染口蹄疫病毒后，经过 2～7d 的潜伏期，才出现症状。病牛体温升高达 40～41℃；精神沉郁，食欲减退，脉搏和呼吸加快，闭口、流涎。1～2d后，在口腔、鼻、舌、乳房等部位出现水疱，白色泡沫状流涎，采食、反刍停止。过不久水疱破溃，形成红色烂斑。蹄间及蹄冠皮肤表现热、肿、痛，蹄痛跛行，蹄壳边缘溃裂，重者蹄壳脱落。如果蹄部继发细菌感染，局部化脓坏死，病牛不能采食，站立困难，病程延长。本病一般为良性经过，1周左右即可愈合。但饲养管理不当，继发细菌性感染，病情可恶化，病毒侵害心脏，导致心肌麻痹而死亡。

【病理变化】 患病牛的口腔、蹄部、乳房、气管和前胃黏膜发生水疱、圆形烂斑和溃疡，上面覆有黑棕色的痂皮块。具有诊断意义的是心脏病变，心包膜弥漫性及点状出血，心肌断面有灰白或淡黄色斑点或条纹，似如虎皮，故称"虎斑心"。心脏松软似煮肉状。

二、防治措施

【预防】 严格执行《中华人民共和国动物防疫法》等法律法规，加强检疫制度，保证牛群健康。强制免疫口蹄疫疫苗。注射方法、用量及注射以后的注意事项，必须严格按照疫苗说明书执行。保持圈舍的清洁、卫生。及时清除粪便，定期对全场及用具进行消毒。

【处置】 发生口蹄疫时，必须依据《中华人民共和国动物防疫法》《口蹄疫防治技术规范》《重大动物疫情应急条例》和《国家突发重大动物疫情应急预案》等法律法规，采取紧急、强制性、综合性的控制和扑灭措施。

第二节　炭　　疽

炭疽是由炭疽杆菌引起的一种急性、热性和败血性人兽共患传染病。其临床症状是发病突然、高热和死亡，可视黏膜呈蓝紫色。濒死期天然孔流出不易凝固的暗红色血液。通过破损的皮肤伤口感染则可能形成炭疽痈。我国将此病列为二类动物疫病。

一、诊断要点

炭疽发病急、死亡快，很难见到特有的临床症状，同时，炭疽病牛禁止解剖，所以诊断较为困难，必须结合流行病学和细菌学诊断结果方能确诊。

【流行特点】 牦牛对炭疽杆菌的易感染性较强。本病主要传染源是患病动物，濒死动物体内及其排泄物中常有大量的病菌，当尸体处理不当，病菌在外界环境中形成芽孢后，污染的牧场、水源可成为长久的疫源地。本病主要经消化道感染，其次是通过皮肤感染，也可通过呼吸道吸入带有芽孢的灰尘而感染。本病常呈地方性流行，尤其是在 6—8 月，河流附近和低湿放牧地区易暴发炭疽，而且夏季雨水多，吸血昆虫增多，炭疽更易散播。饲料或用具被污染后，一年四季均可发生该病。

【临床症状】 潜伏期一般为 1~5d，有时可长达 2 周。根据病程可分为最急性、急性和亚急性。

(1) 最急性型 突然发病，可视黏膜呈蓝紫色，肌肉震颤，呼吸困难，步态不稳，倒毙，天然孔出血，病程数分钟至数小时。

(2) 急性型 此型最常见。突然发病，病初体温高达42℃，呼吸加快，食欲废绝，反刍停止，瘤胃臌胀，流涎。妊娠母牛流产。病情严重时，兴奋、惊恐、哞叫。后期高度沉郁，呼吸困难，肌肉震颤，步态不稳。末期体温下降，一般1~2d死亡。

(3) 亚急性型 症状与急性型相似，但病程较长，一般2~5d。病牛喉、颈、胸前、腹下、乳房、外阴部以及直肠内常含有炭疽痈。有时舌肿大呈暗红色，有时发牛咽喉炎，呼吸极度困难，口鼻流出血液。肠壁痛时，下痢带血，肛门浮肿。

【病理变化】 炭疽病例禁止解剖。必须解剖时，一定做好消毒防护。其特征病变是血液凝固不全，色黯黑，全身组织脏器出血、肿大，尤其是脾脏肿大、呈黑色，超过正常数倍。

二、防治措施

【预防】 免疫炭疽芽孢菌苗是预防炭疽的根本措施。对炭疽疫区内的牛羊，每年秋季应进行炭疽预防接种，春季给新牛羊补种。常用的疫苗有无毒炭疽芽孢苗（对山羊毒力较强，不宜使用）或炭疽二号芽孢苗，接种后14d产生免疫力，免疫期为1年。严禁到受污染的牧场或水源放牧，不得从疫区购买饲料或生物制品。

【处置】 发生炭疽时，必须依据《中华人民共和国动物防疫法》《炭疽防治技术规范》《重大动物疫情应急条例》和《国家突发重大动物疫情应急预案》等法律法规，采取紧急、强制性、综合性的控制和扑灭措施。

第三节　布鲁氏菌病

布鲁氏菌病（简称"布病"）是由布鲁氏菌引起的一种人兽共患慢性细菌性传染病。主要侵害生殖器官和关节，引起动物流产、不育、生殖器官和胎膜发炎，人感染后引起波浪热。该病在我国民间称为"波浪热""流产病""懒汉病"或"爬床病"等。世界动物卫生组织将其列为B类动物疫病，我国将其列为二类动物疫病。本病对牦牛的繁殖性能造成严重危害。

一、诊断要点

依据本病流行特点、临床症状、病理变化可作出初步诊断，确诊需做实验室的血清学诊断或细菌分离鉴定。

【流行特点】　本病的传染源为病牛、病羊及带菌动物（包括野生动物）。流产胎儿、胎衣、羊水、流产母畜阴道分泌物、乳汁以及公畜的精液内都含有大量病原体，凡被污染的饲草、饲料、饮水、垫草、用具等都可成为接触传染的媒介。本病主要经口感染，也可通过交配、人工授精、皮肤或黏膜的接触而感染，尤其可以通过健康的皮肤黏膜感染。发病无季节性。本病呈地方性流行。人感染多因从事放牧、接产、屠宰、皮毛加工等活动时个人防护不当所致。

【临床症状】　潜伏期长短不同，一般为14～180d。多为隐性感染，不表现临床症状。最主要的临床症状是妊娠母牛流产，且多发生在6～8月龄，流产胎儿可能是死胎，发育比较完全，也可能是弱胎。流产时常表现分娩预兆，如阴唇、乳房肿大，生殖道发炎，及阴道黏膜出现红色结节，由阴道流出灰白色或灰色黏性分泌物。公牛有睾丸炎及附睾炎，有时可表现睾丸肿大疼痛。临床上还常见关节炎，关节肿胀疼痛，有时持续躺卧。

【病理变化】　胎衣呈黄色胶冻样浸润，有些部位覆有纤维蛋白絮片和脓液，有的增厚且夹杂出血点。胎儿主要呈败血症病变，浆膜和黏膜有出血点和出血斑，皮下结缔组织发生浆液性和出血性炎症。病牛的生殖器官炎性坏死，淋巴结、肝脏、脾脏、肾脏等器官形成特征性肉芽肿。

二、防治措施

【预防】　坚持自繁自养，引进种牛时进行严格检疫。即将牛群隔离饲养2个月以上，同时进行布鲁氏菌检查，全群2次检疫确定无病后再混群饲养。一经发现阳性者，即应淘汰。接种布鲁氏菌疫苗是预防布病的重要措施。我国主要使用布鲁氏菌S2株疫苗和M5弱毒疫苗。牦牛饲养人员要加强自身防护，特别是牦牛发情、配种、产犊季节，要做好消毒和卫生防疫工作。

【处置】 发生布病时，必须依据《中华人民共和国动物防疫法》《布氏杆菌病防治技术规范》《重大动物疫情应急条例》和《国家突发重大动物疫情应急预案》等法律法规，采取紧急、强制性、综合性的控制和扑灭措施。

第四节 结 核 病

牛结核病是由牛型结核分枝杆菌引起的一种人兽共患的慢性传染病，其特征是病程缓慢、渐进性消瘦、咳嗽、衰竭，并在多种组织器官中形成结核肉芽肿和干酪样、钙化的结节性坏死病灶。世界动物卫生组织将其列为 B 类动物疫病，我国将其列为二类动物疫病，具有重要的公共卫生学意义。

一、诊断要点

依据本病流行特点、临床症状、病理变化可作出初步诊断，确诊需做实验室的血清学诊断或细菌分离鉴定。

【流行特点】 开放性结核病牛是本病的主要传染源。人也可感染。牛结核分枝杆菌随鼻液、痰液、粪便和乳汁等排出体外，可通过被污染的空气、饲料、饮水等，经呼吸道、消化道等途径感染。本病一年四季均可发生，牛舍阴暗潮湿、光线不足、通风不良、牛群拥挤、饲料配比不当及饲料中某些营养成分匮乏等因素，均可促进本病的发生和传播。该病多呈地方性流行。

【临床症状】 潜伏期一般为 10～45d，有的可长达数月或数年。通常呈慢性经过，病程较长，病牛进行性消瘦，虚弱，产奶量降低。临床以肺结核、乳房结核和肠结核最为常见。

（1）肺结核　病牛初期有短促干咳，清晨时症状最为明显；随着病程的发展变为湿咳，咳嗽加重、频繁，并有淡黄色黏液或脓性鼻液流出。呼吸次数增多，甚至呼吸困难，呼出的气体带有腐臭味。病牛体重下降，消瘦，贫血，产奶减少，体表淋巴结肿大，体温正常或稍升高。最后因心力衰竭而死亡。部分病牛常伴发浆膜粟粒性结核，又称"珍珠病"，此时按压肋间有痛感，听诊肺脏有啰音，胸膜结核时可听见胸膜摩擦音。后期可见体温升高至40℃，呈弛张热或稽留热。

（2）乳房结核 一般先是乳房淋巴结肿大，乳腺区发生局限性或弥漫性硬结，硬结无热无痛，表现凹凸不平。泌乳量下降，乳汁变稀，有时混有脓块，严重时乳腺萎缩，泌乳停止。

（3）肠结核 多见于犊牛，表现食欲不振，消化不良，下痢与便秘交替出现，继而发展为顽固性下痢，粪便呈粥状，混有浓汁和黏液，味腥臭。当感染至肝、肠系膜淋巴结等腹腔器官组织时，直肠检查可以辨认。

此外，结核杆菌还可能侵害其他器官，故可发生生殖器官结核、关节结核、淋巴结核和脑结核等。

【病理变化】 在肺脏、乳房和胃肠黏膜等处形成特异性白色或黄白色结节。结节大小不一，由针头大至鸡蛋大，坚实，切面呈干酪样坏死或钙化，有时坏死组织溶解和软化，排出后形成空洞。胸膜和腹膜可发生密集的结核结节，形如珍珠。多数病例肺与胸膜发生广泛而牢固的粘连。

二、防治措施

【预防】 对动物结核病不采取免疫预防，对病牛不治疗，采取检疫后淘汰阳性牛的策略，同时采取综合措施，从牛群中净化本病。对临床健康的牛群，每年春秋各进行一次检疫，淘汰阳性牛，引进牛时，在产地检疫阴性方可引进，运回隔离观察1个月以上再进行检疫，阴性者才能合群。结核病人不得从事养牛工作。对阳性牛群，每年进行3次以上检疫，检出的阳性牛及可疑牛群立即分群隔离，对阳性牛应及时扑杀，进行无害化处理。同时及时对污染的养牛场及用具严格消毒。

【处置】 发生结核病时，必须依据《中华人民共和国动物防疫法》《牛结核病防治技术规范》《重大动物疫情应急条例》和《国家突发重大动物疫情应急预案》等法律法规，采取紧急、强制性、综合性的控制和扑灭措施。

Chapter 3
第三章
牦牛常见传染病

第一节　牛轮状病毒病

牛轮状病毒病是由轮状病毒引起的犊牛急性胃肠道传染病，以精神沉郁、厌食、腹泻、脱水为主要特征。该病已在青藏高原牦牛犊牛中存在和流行，是导致牦牛犊牛腹泻的主要原因之一。

一、诊断要点

本病根据临床症状及流行情况，可以作出初步诊断。确诊需做进一步实验室诊断。

【流行特点】　轮状病毒的宿主有牛、猪、羊、马、小鼠等，主要感染新生和幼龄动物。在牛主要感染犊牛，一般以1～7日龄的犊牛发病最多。成年牛大多呈隐性感染。春秋季发病较多。病毒随粪便排出体外，污染饲料、饮水，经消化道感染。轮状病毒可交互感染，从人或一种动物传给另一种动物。只要病毒在人或某一种动物中持续存在，就有可能造成本病在自然界中长期传播。本病也可通过胎盘传染给胎儿。本病多发于晚秋、冬季和早春季节，寒冷、潮湿、饲料质量差可诱发本病或加重病情导致死亡。

【临床症状】　本病多发生于7日龄以内的犊牛。典型症状是严重腹泻，粪便呈白色、灰白色或黄褐色粥状或水样，有时混有黏液和血液，含有未消化凝乳块。由于腹泻而脱水，犊牛眼凹陷、四肢无力、卧地，经4～7d因心力衰竭而死亡。病死率可达10%～50%。本病发病过程中，如遇气温突然下降及不良环境条件，常可继发细菌、支原体和寄生虫感染等，使病情更加严重。

【病理变化】 空肠和回肠肠壁变薄，呈半透明状，肠内容物为黄褐色或红色稀糊状，有时小肠广泛出血，肠系膜淋巴结肿大，胆囊肿大。

二、防治措施

【预防】 目前国内没有商品化的疫苗，应保持牛舍的清洁、干燥，做好保温，加强饲养管理，特别是犊牛的护理，及时给犊牛哺喂初乳，做好产房消毒工作，这对新生犊牛是十分重要的。

【治疗】 本病尚无有效的治疗方法，对于严重脱水、休克、丧失吸吮反应及躺卧的病牛需补液，补液应以平衡酸碱和补充电解质为标准。对严重感染患病者还应进行抗生素治疗。

第二节　牛病毒性腹泻病

牛病毒性腹泻病是由牛病毒性腹泻病毒引起的一种接触性传染病，又称牛病毒性腹泻-黏膜病。其特征是体温升高，口腔及消化道黏膜糜烂、坏死，肠胃炎和腹泻，流产及胎儿发育异常。

一、诊断要点

急性病例，根据临床症状、病变及流行情况，可以作出初步诊断。但流行缓和且无明显临床症状者，诊断有一定困难，确诊需做进一步实验室诊断。

【流行特点】 病牛和带毒牛是本病的主要传染源，通过分泌物和排泄物往外散毒，污染水源和饲料等。传播途径主要是消化道、呼吸道，也可通过公母牛交配、人工授精传播，胎儿可通过感染的妊娠母牛子宫胎盘垂直感染。各种年龄的牦牛对本病都有易感性，但以犊牛的敏感性最高，急性病例多出现在3～18月龄。患病动物可发生持续性的病毒血症。本病多呈地方性流行，一年四季均可发生，但以冬春季多发。新疫区急性病例多，发病率通常为5%，病死率达90%～100%；老疫区则急性病例很少，发病率和病死率较低，而隐性感染率在50%以上。

【临床症状】　潜伏期一般为7～10d，有时可长达21d。牛群中大多数为无临床症状的隐性感染。但有时可引起全群突然发病，表现为黏膜型、腹泻型和胎儿感染型等不同的临床症状。

（1）黏膜型　主要侵害犊牛和青年牛，潜伏期一般7～9d，最多15d。发病突然，患畜体温升高达40～42℃，精神沉郁，食欲废绝，反刍停止；可出现浆液性鼻漏，病牛大量流涎；结膜炎；泌乳量下降或停止试乳，白细胞减少；发病2～3d后，唇、腭、牙龈、口腔黏膜上皮出现浅表性烂斑，呼气恶臭，随后出现腹泻，最初为水样，后期带血和黏液，并排出片状的黏膜，有的出现口鼻部表皮烂斑，蹄冠发炎，趾间坏死或糜烂，病程几天到1个月，发病率2%～50%，但死亡率高达90%。

（2）腹泻型　以腹泻为主，症状与黏膜型相似，但要缓和得多。病牛很少表现明显的发热，但体温常呈现周期性波动，口鼻上皮常有烂斑，后期又往往联合成片并扩充到整个上皮，口腔偶尔有烂斑或溃疡，但不是固定症状，常引起蹄冠炎和趾间坏死而出现跛行，病牛可见间歇性腹泻，尤其在后期更常见，此型发病率高，但死亡率一般不超过5%。

（3）胎儿感染型　妊娠母牛感染后引起胎儿持续的毒血

症，妊娠母牛流产，或产出先天性缺陷的犊牛，如小脑发育不良、运动失调、眼球震颤等多种神经症状。妊娠后期感染产下的犊牛有血清中和抗体，并具有免疫力。

【病理变化】 尸体脱水消瘦，鼻镜、鼻腔黏膜、齿龈、上腭、舌面两侧及颊部黏膜有糜烂及浅溃疡，严重病例在咽喉黏膜有溃疡及弥散性坏死。胃、小肠和大肠黏膜出血、水肿、坏死和溃疡；整个消化道的淋巴结肿大，趾间皮肤和蹄冠发生溃疡。流产胎儿的口腔、食道和气管黏膜有出血斑、溃疡；有的犊牛出现小脑发育不全，两侧脑室积水。

二、防治措施

【预防】 为控制本病的流行并加以消灭，必须采取检疫、隔离、净化等防控措施。未发病地区的牛场，在引进牛时要严格检疫，避免引入病牛；发现病牛最好将其扑杀；严格执行牛舍、牛场的卫生消毒制度，减少感染机会。我国已生产牛病毒性腹泻病毒的灭活疫苗，用于预防牛病毒性腹泻病，可接种不同年龄的牛群，免疫期为 4 个月。

【治疗】 本病目前尚无有效的治疗方法。发病时严格隔离，并采取对症治疗和加强护理，增强机体抵抗力。用抗生素和磺胺类药物进行预防性治疗，可减少继发性细菌感染，缩短恢复期。

第三节 牛冠状病毒病

牛冠状病毒病是由牛冠状病毒引起的犊牛的传染病，临床上以出血性腹泻为主要特征。本病还可引起牛的呼吸道感染和冬季血痢。

一、诊断要点

根据本病临床症状、病变及流行情况，可以作出初步诊断。确诊需做进一步实验室诊断。

【流行特点】　本病呈地方流行，发病过的牛场，几年内此病可连续发生。消化道和呼吸道是本病的主要传播途径。饲养管理差、寒冷、潮湿可促进本病的发生。犊牛常于7～10日龄内发生腹泻，肠炎的严重程度与犊牛的日龄和营养状况有关。成年牛感染后常见于冬季血痢。

【临床症状】　本病的潜伏期短。腹泻主要见于7～10日龄的犊牛，吃过初乳或未吃过初乳的犊牛均可发病。患病犊牛精神沉郁，吃奶减少或停止，排淡黄色的水样粪便，内含凝乳块和黏液，严重的可出现发热、脱水和血液浓缩，血细胞压积可达49%～61%。腹泻持续3～6d，大部分犊牛可以康复，如腹泻特别严重，少数可发生死亡，若继发细菌感染，死亡率可超过50%。成年牛冬季可发生血痢，症状是突然发病，表现腹泻，便如黑血样，产奶量急剧下降，同时出现流鼻涕、咳嗽、精神沉郁和食欲不振，发病率可达50%～100%，但死亡率很低。另外，该病还可导致犊牛发生呼吸道感染，常呈亚临床症状，最常见于12～16周龄牛。患牛出现轻度呼吸道症状。

【病理变化】　主要病变为严重的小肠、结肠炎，肠黏膜上皮坏死、脱落。小肠绒毛缩短，结肠上皮细胞由正方形变成短柱形。

二、防治措施

【预防】　目前国内没有商品化的疫苗。保持牛舍的清洁、干燥，做好保温，加强饲养管理，特别是犊牛的护理，及时给犊牛哺喂初乳，这对新生犊牛十分重要。发现病牛建议及时将其淘汰，以达到净化牛群的目的。

【治疗】　本病目前尚无有效的治疗方法，只能对症治疗。首先应对脱水牛进行输液，以解除酸中毒。为防止细菌继发感染，可注射敏感抗生素进行治疗。对有血痢症状者，可注射止血药物或内服磺胺脒、药用炭和云南白药。

第四节　牛传染性鼻气管炎

牛传染性鼻气管炎又称为"红鼻病""坏死性鼻炎"等，是由牛传染性鼻气管炎病毒引起的牛的一种急性、热性、接触性呼吸道传染病。临床表现为上呼吸道及气管黏膜发炎、呼吸困难、流鼻液等，还可引起生殖道感染、结膜炎、脑膜炎、流产、乳腺炎等多种病型。

一、诊断要点

根据本病临床症状、病变及流行情况，可以作出初步诊断。确诊需做进一步实验室诊断。

【流行特点】　本病可致各种年龄的牦牛感染发病，其中以20～60日龄犊牛最易感，病死率较高。病牛和带毒牛为主要传染源，特别是隐性感染的种公牛危害性最大，常通过空气、飞沫、精液和接触性传播病毒，病毒也可通过胎盘侵入胎儿引起流产。本病毒可导致持续性感染，隐性带毒牛往往是最危险的传染源之一。本病秋、冬季节较易流行，牛群过于拥挤，密切接触，可促进本病的传播。潜伏期一般为4～6d，有时可达20d以上。发病率为20%～100%，死亡率为1%～12%。

【临床症状】　本病临床症状分为呼吸道型、生殖道感染型、脑膜脑炎型、眼炎型和流产型。

（1）呼吸道型　表现为鼻气管炎，病情轻重不等，为本病最常见的一种类型。常见于较冷季节，多发生于长途运输或从牧场转入舍饲以后。急性病例可侵害整个呼吸道，对消化道的侵害较轻。病牛体温升高，沉郁，拒食，有多量黏脓性鼻漏，鼻黏膜高度充血，有浅溃疡，鼻窦及鼻镜因组织高度发炎而称为"红鼻病"。呼吸困难，呼出气体中常有臭味，呼吸加快，咳嗽，有结膜炎及流泪症状。产奶量下降，有时可见带血腹泻。多数病程达 10d 以上，发病率可达 75% 以上，病死率10% 以下。

（2）生殖道感染型　又称"牛传染性脓疱性外阴阴道炎""交合疹"等，可发生于母牛及公牛。母牛发热，精神沉郁，无食欲、尿频、有痛感。阴道发炎充血，有黏稠无臭的黏液性分泌物，黏膜出现白色病灶、脓疱或灰色坏死膜。公牛感染后生殖黏膜充血，严重的病例发热，包皮肿胀及水肿，阴茎上有脓疱，病程 10～14d，精液带毒。

（3）脑膜脑炎型　主要发生于 4～6 月龄犊牛，体温升高至 40℃以上，共济失调，沉郁，随后兴奋、惊厥，口吐白沫，角弓反张，磨牙，四肢划动，病程短促，常于发病后 5～7d 死亡。发病率低，病死率高，可达 50% 以上。

（4）眼炎型　一般无明显全身反应，有时可与呼吸型一同出现。主要临床症状是结膜角膜炎，表现结膜充血、水肿或坏死。角膜轻度混浊，眼鼻流浆液脓性分泌物，很少引起死亡。重症病例可于结膜形成灰黄色针头大的小脓疱。

（5）流产型　多见于初产青年母牛，可发生于妊娠的任何阶段，也可发生于经产母牛。妊娠母牛感染后，可能于 3～6 周潜伏期后流产，常发生于妊娠的第 5～8 个月。本型多数是由于病毒在呼吸道黏膜增殖后形成了病毒血症，病毒经血液循环进入胎盘，胎儿感染后 7～10d 死亡。

【病理变化】　呼吸道型表现为呼吸道黏膜的炎症，常见黏膜中有白色烂斑和溃疡，并覆以灰色腐臭黏脓性渗出物，主要见于鼻、喉、气管和支气管。生殖道感染型表现为外阴、阴道、宫颈黏膜、包皮、阴茎黏膜的炎症，黏膜出现白色颗粒病灶、脓疱或灰色坏死膜。脑膜脑炎型表现为非化脓性感觉神经炎和脑脊髓炎。眼炎型主要为结膜角膜炎。流产型表现为流产胎儿的肝脏、脾脏、肾脏和淋巴结有灰白色坏死灶，有时皮肤水肿。

二、防治措施

【预防】 最重要的防控措施之一是严格检疫，防止引入传染源和带入病毒。未发病地区和牛场，在引进牛时要严格检疫，避免引入病牛；发现病牛最好将其扑杀；严格执行牛舍、牛场的卫生消毒制度，减少感染机会。我国已生产牛传染性鼻气管炎病毒的灭活疫苗，用于预防牛传染性鼻气管炎，可接种不同年龄的牛群，免疫期为 4 个月。

【治疗】 本病目前尚无有效的治疗方法。发病时严格隔离，并采取对症治疗和加强护理，增强机体抵抗力。用抗生素和磺胺类药物进行预防性治疗，可减少继发性细菌感染，缩短恢复期。

第五节　伪狂犬病

伪狂犬病是由疱疹病毒科伪狂犬病病毒引起的家畜和野生动物的一种急性非接触性传染病。以发热、局部奇痒及脑髓炎症状为主要临床特征。发病率可达 40%，致死率高达 90%～100%。

一、诊断要点

根据本病临床症状及流行情况，可以作出初步诊断。确诊需做进一步实验室诊断。

【流行特点】 本病主要经呼吸道和消化道传播，通过吸入带毒的飞沫或采食污染的饲料而感染。此外，可经皮肤创伤以及交配感染，也可经胎盘及哺乳传播，吸血昆虫也可传播。自然感染见于牛、羊、猪、犬、猫和鼠类，以及多种野生动物。牦牛常因接触犬和野生动物而感染发病，牛与牛之间、牛与羊之间也可相互传播，也可以感染人。本病一般呈地方性流行，以冬春两季多发。牛感染后病死率很高，可达 90% 以上。

【临床症状】　本病潜伏期 3～6d，各种年龄的牛均高度易感。牛感染后初期表现精神沉郁，食欲减少或废绝，反刍停止，泌乳减少，体温升高至 40℃以上。主要症状为唇、鼻镜、眼睑、头颈、肩部、四肢、乳房、会阴等处皮肤奇痒，病牛不停地舔咬痒部，或在墙壁上摩擦，很快摩擦处被毛脱落，皮肤出血、水肿。由于奇痒，病牛表现狂暴不安，喷气或鸣叫，前后肢刨地，不断起卧。病牛也会出现神经症状。

【病理变化】　病死牛患部皮肤增厚，被毛脱落，水肿、出血和糜烂。有的糜烂深达皮下和肌肉组织，切开皮肤可见多量黄色胶样浸润。中枢神经系统呈弥漫性非化脓性脑脊髓炎变化及神经节炎。病变部位有明显的周围血管套以及弥漫的灶性胶质细胞增生。

二、防治措施

【预防】　平时加强饲养管理，将牦牛与犬及其他动物分开饲养，灭鼠，控制牦牛与野生动物的接触。引进牛时要严格检疫，避免引入病牛。发生本病时，病牛立即隔离或扑杀，养殖场及饲养用具进行消毒。

【治疗】　本病目前尚无有效的治疗方法。发病时严格隔离病牛，对未出现神经症状的病牛，用伪狂犬高免血清治疗，可降低死亡率。对已经出现神经症状的病牛一律扑杀，焚烧处理。

第六节　大肠杆菌病

大肠杆菌病是由致病性大肠杆菌所致的人畜共患传染病。其病型复杂多样，或引起腹泻，或发生败血症，或为各器官局部感染，或表现为中毒症状。本病主要侵害犊牛，在管理不当的牛场，是致新生犊牛死亡的主要原因。

一、诊断要点

根据本病临床症状及流行情况，可以作出初步诊断。确诊需做进一步实验室诊断。

【流行特点】 病牛和带菌牛是主要传染源，主要通过消化道传染，可通过子宫内感染或脐带感染。本病多见于新生犊牛，尤其 1～14 日龄的犊牛最为易感，一年四季均可发生，常见于冬春舍饲时期，呈地方流行或散发。产房不洁、饲养密度过大、脐带消毒不良及母牛干乳期短、分娩前漏乳、犊牛出生后未吃过初乳或初乳质量低劣等，都是本病的诱发因素。

【临床症状】 犊牛大肠杆菌病的潜伏期很短，仅几个小时。根据临床表现，分为败血症型、肠炎型和肠毒血症型。

（1）败血症型 主要发生于未吃过初乳的犊牛。一般在出生后数小时内发病，最迟 2～3 日龄发病。发病急，病程短，少数犊牛未表现腹泻即死亡。多数病犊表现体温高达 40℃，停止吮乳，有时出现腹泻，可于数小时内急性死亡，致死率可达 80％以上。耐过犊牛 1 周后可能继发关节炎、肺炎或脑膜炎。

（2）肠炎型 常见于 7～10 日龄犊牛，病初体温升高到 40℃。患病犊牛表现下痢，初期粪便呈粥样，黄色，后呈水样，灰白色，混有未消化的凝乳块、凝血及泡沫，有酸败气味。后期排便失禁，腹痛、踢腹，尾和后躯有稀粪。病程长者可见脐炎、肺炎及关节炎表现。致死率一般为 10％～50％。耐过的犊牛发育迟缓。

（3）肠毒血症型 较少见，多突然死亡，病程稍长者可见典型的中毒性神经症状，先兴奋不安，后精神沉郁、昏迷，最后死亡。死前多有腹泻症状，排出白色、充满气泡的稀粪。

【病理变化】 败血症型和肠毒型死亡的患病犊牛，常无明显的病理变化。肠毒型的患病犊牛，真胃有大量的凝乳块，黏膜充血、水肿，皱褶部有出血。肠内容物常混有血液、气泡、恶臭。小肠黏膜充血，在皱褶基部有出血，部分黏膜上皮脱落。

二、防治措施

【预防】 加强饲养管理，避免应激因素。对母牛应加强产前、产后的饲养管理，严格做好产房接生及相关的卫生消毒工作，防止接生过程中造成感染，特别要注意断脐后的消毒处理。注意保暖，确保新生犊牛及时吃到足够的初乳，定时哺乳，防止哺乳过多或过少。可以使用微生态制剂对犊牛进行早期治疗和预防。

【治疗】 治疗原则是抗菌消炎，强心补液，保护胃肠黏膜。本病初期，可静脉注射平衡电解质溶液，其中应以糖盐水或复方盐水为主，另加碳酸氢钠液，以纠正低血糖和代谢性酸中毒。同时静脉注射皮质类固醇以及对革兰氏阴性菌有较强杀灭作用的抗生素，如庆大霉素、丁胺卡那霉素、磺胺三甲氧氨嘧啶等。补液强心，防止酸中毒。

第七节 沙门氏菌病

沙门氏菌病又称副伤寒，是由沙门氏菌属细菌引起的疾病总称，犊牛多表现为败血症和肠炎，妊娠母牛可发生流产。本病遍发于世界各地，不仅对牛的繁殖和犊牛的健康造成一定损失，也可感染人，引起食物中毒和败血症等症状。

一、诊断要点

根据本病临床症状及流行情况，可以作出初步诊断。确诊需做进一步实验室诊断。

【流行特点】 本病一年四季均可发生，主要发生于10～

40 日龄的幼犊，发病后迅速传播，往往呈地方性流行，在发病严重的牧场，犊牛的发病率可达 80% 甚至更高，死亡率10%～40%。病牛和带菌牛是主要传染源，病原菌随粪便排出体外，污染水源和牧场。主要通过消化道传染，间有呼吸道感染。未吃初乳、乳汁不良、断奶过早，或牛舍拥挤、长途运输、饲料中缺乏维生素和蛋白质、突然更换饲料、饮用污水，均能促进本病的发生和传播。本病一年四季均可发生，以秋末春初发病较多。

【临床症状】 犊牛可在出生后 48h 内即表现拒食、卧地、迅速衰竭等症状，常于 3～5d 内死亡。多数犊牛常于 10～14 日龄以后发病，病初体温升高，24h 后排出灰黄色液状粪便，混有黏液和血丝，一般于症状出现后 5～7d 内死亡，病死率有时可达 50%。病期延长时，腕和肘关节可能肿大，有时可有支气管炎和肺炎症状。

成年牛常以高热、昏迷、食欲废绝、脉搏频数、呼吸困难开始，体力迅速衰竭。大多数病牛于发病后 12～24h，粪便中带有血块，不久即变为下痢。粪便恶臭，含有纤维素絮片，间杂有黏膜。下痢开始后体温降至正常或较正常略高。病牛可于 24h 内死亡，多数于 1～5d 内死亡。病期延长时可见迅速脱水和消瘦，眼窝下陷，黏膜（尤其眼结膜）充血和发黄。病牛腹痛剧烈，常见后踢蹬踢腹部。妊娠母牛多数发生流产。

【病理变化】 犊牛急性发病时，心壁、腹膜以及小肠和膀胱黏膜有小出血点。脾脏充血、肿胀。肠系膜淋巴结水肿，有时出血。病程较长时，肝脏色泽变淡，胆汁常变稠而混浊。肺脏常有肺炎区。肝脏、脾脏和肾脏有时发现坏死灶。腱鞘和关节腔有胶样液体。

成年牛呈急性出血性肠炎，肠黏膜潮红，有出血；大肠黏膜脱落，有局限性坏死区。胃黏膜炎性潮红，肠系膜淋巴结呈不同程度的水肿、出血。肝脏脂肪变性或灶性坏死。胆囊壁有时增厚，胆汁混浊、黄褐色。肺脏可有肺炎区。脾脏常充血、肿大。

二、防治措施

【预防】　加强饲养管理，避免应激因素。保持饲料和饮水的清洁、卫生。目前国内已经研制出牛副伤寒灭活疫苗，对母牛接种，犊牛可获得较好的保护力，必要时可选择使用。

【治疗】　本病的治疗，可选用敏感药物，如庆大霉素、丁胺卡那霉素、喹诺酮类药物等，并辅以对症治疗。严重脱水及无食欲的犊牛应给予静脉补液；能走动、哺乳和中度脱水的犊牛可经口和皮下补液，并可使用富含碳酸氢盐的溶液。

第八节　巴氏杆菌病

巴氏杆菌病是由多杀性巴氏杆菌引起的，发生于各种家畜、家禽、野生动物和人类的一种传染病总称，牛巴氏杆菌病又称为牛出血性败血症，简称"牛出败"。

一、诊断要点

根据本病临床症状及流行情况，可以作出初步诊断。确诊需做进一步实验室诊断。

【流行特点】　多杀性巴氏杆菌对多种动物和人均有致病性。家畜中以牛发病较多。牛群中发生巴氏杆菌病时，往往查不出传染源，一般多为发病前带菌，当牛处在不良环境中，如寒冷闷热、天气突变、潮湿、拥挤、圈舍通风不良、营养缺乏、长途运输，以及寄生虫病等诱因，使其抵抗力下降时，病原菌即可乘机侵入体内，经淋巴进入血液，发生内源性感染。本病一般为散发，呈地方性流行。

【临床症状】　本病潜伏期2～5d。根据临床症状可分为急性败血症型、肺炎型和水肿型。

（1）急性败血症型　临床表现为体温突然升高至41～42℃，精神沉郁，食欲废绝，呼吸困难，黏膜发绀，鼻流带血泡沫，腹泻，粪便带血，一般于24h内因虚脱而死亡，甚至突然死亡。

（2）肺炎型　此型最为常见。病牛呼吸困难，有痛性干咳，鼻流无色或带血泡沫。叩诊胸部，一侧或两侧有浊音区；听诊有支气管呼吸音和啰音，或胸膜摩擦音。严重时，呼吸高度困难，头颈前伸，张口伸舌，发病犊牛迅速窒息死亡。

（3）水肿型　病牛胸前和头颈部水肿，严重者波及腹下，肿胀部位坚硬而热痛。舌及咽部周围组织高度肿胀，呼吸困难，皮肤和黏膜发绀，眼红肿、流泪。病牛常窒息而死。

【病理变化】　急性败血症型病牛可见内脏器官充血，黏膜、浆膜、肺脏及皮下组织和肌肉有出血点，肝脏、肾脏实质变性，淋巴结显著水肿，胸腔有大量渗出物。水肿型病例中可见眼部及其周围和颈部皮下有黄色胶样浸润，头颈部淋巴结肿大，上呼吸道黏膜有卡他性炎症。肺炎型病例中有纤维蛋白性肺炎和胸膜炎变化，肠道有急性卡他性炎症变化，肝脏、肾脏实质器官肿大，胸腔内淋巴结肿大。

二、防治措施

【预防】　平时加强饲养管理，避免牛只受凉感冒，在长途运输中应避免过度拥挤，减少或消除降低机体抗病能力的因素，定期进行牛舍及运动场消毒。在经常发生本病的疫区，可以定期接种牛巴氏杆菌灭活疫苗。发生本病后，对病牛在隔离治疗的同时，对于同群假定健康牛应仔细观察、测温，可用磺胺类药物或抗生素做紧急药物预防，牧场及污染场用一般消毒药彻底消毒。

【治疗】　发生本病时，应立即隔离患病牛并严格消毒其污染场所，在严格隔离的条件下对患病牛进行治疗，选择敏感药物进行治疗，也可选用高免或康复动物的抗血清。

第九节　牛支原体肺炎

牛支原体肺炎也称牛肺疫，是由支原体所致牛的一种特殊的传染性肺炎，可引起犊牛肺炎、乳腺炎、关节炎、角膜结膜炎、耳炎、生殖道炎，甚至流产与不孕等多种疾病。

一、诊断要点

根据本病临床症状及流行情况，可以作出初步诊断。确诊需做进一步实验室诊断。

【流行特点】　传染源主要是病牛及带菌牛。自然感染主要传播途径是呼吸道（如鼻镜），也可经消化道和生殖道感染。以犊牛最易感，任何年龄的牛均易感。一年四季均有发生，但以冬春季节发病较多。带菌牛进入易感牛群，常引起本病的暴发，以后转为地方性流行。饲养管理不当，牛舍拥挤等因素可促进本病的发生和流行，发病率一般为 60%～70%，病死率为 30%～50%。

【临床症状】　本病的潜伏期一般为 2～4 周，按其经过可分为急性型和慢性型。

（1）急性型　多发生于流行初期，病牛采食量下降，干咳，精神萎靡不振，头部低垂，体温升高到 40～42℃，呈稽留热，呼吸加快，鼻孔扩张，呼吸极度困难，呈腹式呼吸，可视黏膜发绀。喜站立，前肢外展，不愿躺卧。咳嗽逐渐频繁，有时流出浆液性或脓性鼻液。叩诊胸部有实音、疼痛，听诊肺泡呼吸音减弱或消失。随着病程的进展，症状会进一步加重，甚至会出现继发感染。渡过急性期的患病牛和成年牛感染支原体后所表现出来的临床症状较轻，患病后食欲时好时坏，渐渐呈现慢性型症状。

（2）慢性型　病牛可能局限于轻微的咳嗽，不会表现出明显的症状，较难被发现，或仅在受冷空气、冷饮刺激或运动时，发生短咳、干咳。有时病牛会表现出咳嗽和腹泻的症状，体况衰弱，食欲减退，反刍迟缓，泌乳减少。颈、胸和腹下水肿，叩诊胸部有实音区，按压胸廓敏感。

【病理变化】　病变部位主要集中在肺脏组织和胸腔组织，患病牛的病变肺脏组织和胸膜出现轻度粘连，并在胸腔中蓄积少量液体，心包积液严重，液体呈现黄色清澈状。肺脏病变的严重程度存在差异，尖叶、心叶、隔叶存在明显的红色肉变，在病变的肺脏组织表面可见大量化脓性的分散病灶，严重时，坏死病灶呈干酪样。病死牛表现为严重的支气管肺炎和坏死性支气管肺炎。

二、防治措施

【预防】　严格管理牛群引种，最好坚持自繁自养原则，这是控制疫病流行的根本措施。必需引种时，确保不从疫区或者发病地区引进牛。避免引进病牛或者处于潜伏感染期的携带病原的牛。牛到场后必须经过隔离观察，确认健康无病后再混群饲养。由于该病的潜伏期长短不等，且与环境应激因素（如运输等）相关，感染牛一般在引进后 1～2 周发病。保持牛舍干燥、清洁，通风良好，调控牛群饲养密度合理，防止过于拥挤。

【治疗】　发生本病后按体重使用泰乐菌素、林可菌素，肌内注射；慢性型病牛适宜选用高浓度的大环内酯类抗生素（如替米考星、泰乐菌素），治疗效果较好。此外，还要采取支持疗法，即病牛采食减少或者停止时，注射复合维生素 A 和复合维生素 B，维生素 A 能促使呼吸道黏膜加速再生，B 族维生素能够减轻贮备不足而引起的暂时性缺乏。

第十节 梭菌性肠炎

梭菌性肠炎是由产气荚膜梭菌引起的犊牛急性传染病，以急性发病、病程短、肠炎、水肿、组织出血和死亡率高为特点。本病发病急、治疗困难、死亡率高，往往给养牛业造成严重的经济损失。

一、诊断要点

根据本病临床症状、病理变化及流行情况，可以作出初步诊断。确诊需做进一步实验室诊断。

【流行特点】 犊牛和青壮年牛对本病最易感。病牛和带菌牛是主要传染源，常通过污染的饲料、垫草、饲喂用具以及饮水经消化道传染，也可通过脐带或创伤感染。产气荚膜梭菌产生的毒素是本病引起死亡的原因。本病春秋多发，但其他季节也可发病，呈散发或地方性流行。凡影响犊牛抵抗力的不良因素，均可诱发本病。

【临床症状】 根据临床症状可分为最急性型和急性型。

（1）最急性型 往往尚未见临床症状即已死亡。

（2）急性型 病犊表现为精神颓废，不吃乳，耳、鼻、四肢末端发凉。口腔黏膜颜色由红色逐渐变成暗红至紫色。腹痛症状，仰头蹬腿，四肢踢腹。腹部膨胀，腹泻，排出暗红色、恶臭粥样粪便。呼吸急迫，体温升高。病后期病犊衰弱，卧地不起，虚脱死亡；也出现神经症状，头颈弯曲，磨牙，吼叫，痉挛死亡。

【病理变化】 剖检可见后腹部皮下水肿，腹腔内积有多量透明、红色的渗出液。肠系膜充血，肠系膜淋巴结瘀血、水肿、出血。皱胃及小肠浆膜出血，皱胃内积有凝乳块或灰绿色或紫色液体，黏膜充血、出血。小肠发生出血性肠炎，肠腔内充满血水。肠黏膜充血、潮红。部分肠黏膜呈条状出血或溃疡。心包积液，心外膜有出血点。肺脏充血或有瘀血斑。

二、防治措施

【预防】　首先加强饲养管理，母牛妊娠后期要供应充足的饲料和营养，犊牛房要注意消毒和保温，舍内要向阳、清洁、卫生并且干燥。犊牛出生后及时吃上初乳，增强犊牛体质，注意保暖。一旦发生疾病，应立即采取隔离、消毒的措施。犊牛出生后灌服抗生素有一定预防效果。

【治疗】　治疗原则是补充体液，抗休克，消除炎症，防止继发感染。全身症状严重的应注射 5% 葡萄糖生理盐水、痢菌净、维生素 C、抗生素、止血敏和维生素 K_3 等，具体注射剂量参照说明书。

第十一节　气　肿　疽

气肿疽又称"黑腿病"或"鸣疽"，是由气肿疽梭菌引起的一种急性、热性、败血性传染病。临床上以肌肉丰满部位发生气性炎性肿胀，按压有捻发音，局部变黑，并常有跛行为特征。

一、诊断要点

根据本病临床症状、病理变化及流行情况，可以作出初步诊断。确诊需做进一步实验室诊断。

【流行特点】　本病传染源为病牛，但并不是由病牛直接传给健康牛，而是经由土壤间接传染。即病牛体内的病原体进入土壤，以芽孢形式长期存在土壤中，动物采食被土壤污染的饲草或饮水，经口腔和咽喉创伤侵入组织，也可由消化道黏膜侵入血液。皮肤创伤和吸血昆虫的叮咬也可传播本病。本病多发生于天气炎热的多雨季节和潮湿地区，常呈地方性流行。

【临床症状】　本病潜伏期 3～5d，最短 1～2d，最长 7～9d。牛发病多为急性经过，体温升高，早期即出现跛行，继而出现本病特征性肿胀，即肩、颈、股、腰、背及胸前部等肌肉丰满部位发生炎性肿胀，初期热而痛，进而中央变冷、无痛。触诊有捻发音，叩诊有明显鼓音。切开患部，从切口流出污红色、带泡沫、酸臭液体。局部淋巴结肿大，触之坚硬。病牛食欲废绝，反刍停止，呼吸困难，脉搏快而弱，最终体温下降或再稍回升，随即死亡。一般病程 1～3d，也由延长至 10d者。本病在未发生过的地方出现，其发病率可达 40％～50％，病死率近于 100％。

【病理变化】　尸体迅速腐败膨胀，四肢张开并伸直，有时直肠突出。鼻孔、口腔、肛门与阴道流出血样泡沫。肿胀部位皮下组织呈红色或金黄色胶样浸润，肌肉间充满气泡，切面呈海绵状，并有刺激性酸臭气味。局部淋巴结肿胀、出血，切面黑红色，有大小不等棕色干燥病灶，切开有大量暗红色血液和气泡流出，切面呈海绵状。

二、防治措施

【预防】　凡近年发生过本病的地区，要坚持做好预防免疫接种，每年春、秋两季各注射一次气肿疽疫苗。牛群发病时，除立即隔离病牛治疗外，也可用抗气肿疽血清或抗生素做预防性治疗，病死畜应深埋或焚烧，以减少病原的散播。对病牛圈栏、用具以及被污染的环境进行消毒。粪便、污染的饲料和垫草等均应焚烧处理。

【治疗】　早期治疗效果较好。病初用抗气肿疽血清，静脉或腹腔注射，同时应用青霉素和四环素，效果较好。局部治疗，可用普鲁卡因加青霉素，溶解后于肿胀周围分点注射。后期可切开肿胀，按感染创处理。

Chapter 4 第四章

牦牛常见寄生虫病

第一节　牛皮蝇蛆病

牛皮蝇蛆病是一种慢性疾病，起因于牛皮蝇或者蚊皮蝇的幼虫寄生于牛皮下组织。临床表现为患牛不安，皮肤发痒和患部疼痛。牛皮蝇的雌虫夏季在牛尾上产卵，由于牛尾的不断甩动，蝇卵被黏附于腹部两侧、前肢、后肢及鼠蹊部等。经 4～6d，卵孵出幼虫后钻入皮内生存 9～11 个月。在此期间，幼虫于皮下组织中移行，在背部皮下形成包囊突起。幼虫在皮肤突起部位打孔呼吸，成熟的幼虫从皮里爬出，落地成蛹，1～2 个月后成蝇。

一、诊断要点

在病牛背部皮肤触摸到大量硬结，用手压挤有虫体被挤出，据此作出诊断。剖检时，如果在病牛皮下以及食道壁的黏膜和浆膜之间发现幼虫，可确诊。

【流行特点】　本病主要发生在夏季，所有牦牛均易感染。患病牛是主要传染源。牛皮蝇雌虫产卵后孵出的幼虫钻入皮下，在皮下移行，打孔呼吸，导致患牛烦躁不安。

【临床症状】　病牛主要症状为烦躁不安，贫血，机体消瘦，生产力降低，幼龄牛发育不良，患病牛皮肤发痒，肿胀发炎，血肿，窦道和患部疼痛。严重的可引起皮肤穿孔，致使皮革质量变差；患部继发化脓菌感染，形成脓肿，进一步形成脓包或结缔组织包囊。

【病理变化】 血肿,皮下蜂窝组织炎,严重的引起皮肤穿孔,继而化脓菌侵入,形成脓肿,最后形成结缔组织包囊。

二、防治措施

【预防】 夏季来临前,可在健康牛体表皮肤上涂抹2%的敌百虫溶液,每间隔30d涂抹1次。

【治疗】 主要采用驱蚊蝇、预防继发感染的原则对症治疗。常用驱虫药有倍硫磷、皮蝇磷、亚胺硫磷乳油、蝇毒磷和伊维菌素等,由于驱虫药毒性较大,一定要严格按照说明书的推荐剂量合理使用。患病部位挤出虫体后,采用青霉素、普鲁卡因和地塞米松等抗菌消炎对症治疗。

第二节 牦牛疥螨病

牦牛疥螨病又称疥癣,是由疥螨寄生于牦牛表皮内所引起的一种慢性体外寄生虫病。该病以瘙痒不安、湿疹性皮炎、皮肤变厚、结痂、脱毛和高度传染性为主要特征。该病病原为螨,包括疥螨、痒螨和足螨,其中疥螨危害最严重,流行最广泛。

一、诊断要点

病牛眼眶周围、颈部、背部和腹部可见圆形无毛斑块,斑块处皮肤增厚,有白色麸皮状皮屑,斑块内出现严重裂纹。病牛瘙痒,烦躁不安,用力磨蹭患部。依据上述症状可作出临床诊断。

【流行特点】 本病的主要传播途径是病畜和健康畜直接接触。本病的流行有一定的季节性和个体选择性,一般从秋末开始,冬季出现流行高峰。成年体弱的母牛发病率较高。

【临床症状】 病牛初期感染从耳壳、面部、颈部、背部、尾根、四肢内侧开始，从皮肤患处逐渐向周围蔓延。病牛表现剧痒，焦躁不安，频繁磨蹭患部。食欲减退，营养不良，消瘦贫血。

【病理变化】 病牛皮肤出现针头至米粒大小的红色结节，随后转变为丘疹、水疱甚至脓疱，破溃后渗出液体，最后形成脂肪样痂皮，呈黄色痂皮脱落后形成无毛斑块。皮肤变厚，龟裂，从患部开始不断向周围皮肤蔓延，严重时可蔓延至全身。

二、防治措施

【预防】 加强饲养管理，天气寒冷时做好圈舍保暖，圈舍内通风、透光，保持干燥。对圈舍和饲具定期喷洒消毒药。发病个体早发现早治疗。

【治疗】 针对病情严重、食欲废绝的病牛，首先进行静脉补液，健胃消食，增强食欲，提高抵抗力，待机体好转后再进行驱虫治疗。可使用伊维菌素，按照推荐使用剂量一次性口服或皮下注射；也可选用推荐剂量的敌百虫溶液涂擦患部，每次间隔 2～3d。

第三节　消化道线虫病

消化道线虫病是由寄生于宿主消化道内的多种线虫所引起的寄生虫病。该病可导致消化道机械性损伤并发胃肠道炎症，从而引起动物食欲不振、贫血消瘦，严重时还会导致动物死亡。该病呈全球性分布，传播广泛，导致严重的经济损失和公共卫生威胁。

一、诊断要点

消化道线虫病是一种慢性消耗性疾病。病牛临床上表现消瘦、贫血、下痢、水肿等症状，往往可作为发生寄生虫病的参考。通过对患病动物的剖检，或根据发病器官的病理学变化，往往可作出诊断。

【流行特点】 消化道线虫病是牦牛的主要寄生虫病。常见的消化道线虫有指形长刺线虫、马歇尔线虫、奥斯特线虫、捻转血矛线虫、仰口线虫和食道口线虫等。一般情况下，消化道线虫病表现为慢性过程，病牛日渐消瘦，体重减轻，精神萎靡，贫血，下颌及头部发生水肿，呼吸、脉搏加快。幼畜生长发育不良，食欲减退，饮欲正常或增加，下痢与便秘交替。消化道线虫种类多，可混合感染，感染无明显的季节性，一年四季均可发生。

【临床症状】 发病初期，病畜一般无明显的临床症状。发病中期，随着虫体在消化道内大量繁殖，摄取动物肠道内营养，病牛营养不良，生长发育缓慢，被毛枯焦、逐渐失去光泽。发病后期，由于寄生虫及分泌物严重损害机体，大多数病牛精神不振、食欲减退、易疲劳，少数病牛发生空嚼、磨牙以及异食等症状，眼球下陷，可视黏膜黄染或苍白，反刍减少。大多数病牛发生腹泻，初期排出稀粪，后期变成水样腹泻，且排便次数显著增加。少数病牛发生便秘，排出黑硬粪便，表面附着黄色胶冻样黏液以及脱落的肠黏膜。临死前精神极度萎靡，食欲废绝，无法正常起卧，体温下降，呼吸减缓，最终由于营养衰竭而死亡。

【病理变化】 表现为可视黏膜苍白，胃肠黏膜出血或溃疡；在胃肠道的相应部位可见到大量虫体，如真胃内常有捻转血矛线虫、奥斯特线虫、马歇尔线虫等。

二、防治措施

【预防】 加强饲养管理。寒冷冬季，要确保饲喂营养丰富的饲料，合理补充精料、多种维生素以及矿物质，以提高机体抵抗力，同时避免牛过度劳累，感染风寒。避免在低温地区放牧，禁止饮用低洼地区的死水或者积水。禁止饲喂发生霉变的饲料。

【治疗】 药物治疗可选用丙硫咪唑、磷酸左旋咪唑，按使用说明口服，也可注射磷酸左旋咪唑。

第四节　肺丝虫病

牛肺丝虫病是网尾线虫寄生于牛气管和支气管内引起的疾病，又叫牛网尾线虫病。雌成虫在牛气管和支气管内产卵，当牛咳嗽时，虫卵随痰液进入消化道并在消化道内孵出幼虫。幼虫随粪便排出体外，发育成感染性幼虫，然后随饲草、饲料和水进入牛体，再沿淋巴管和血管进入肺，最后通过毛细支气管进入支气管并发育成成虫。整个发育过程需1个月左右。此病多侵害犊牛和羔羊。

一、诊断要点

可从新鲜粪中找到成虫，或剖检尸体时在支气管内找到成虫。

【流行特点】 胎生网尾线虫成虫高发于5—7月（或3—7月），5月为全年高峰；9月到翌年4月（或2月）寄生阶段幼虫占优势，而5—8月（或3—8月）成虫占优势。

【临床特征】 牛肺丝虫病发病的临床症状表现为咳嗽不止，呼吸困难，食欲不振，肺部听诊啰音，腹水及下痢等。另外，病牛头伸向前方，张口伸舌。牛肺丝虫病的定型症状一般分为以下4个时期。第一时期为发病前一周，病症表现并不明显；第二时期为牛体感染7~25d，幼虫侵入到牛的肺部，发病一周后就开始出现呼吸急促，咳嗽频次增加，感染虫体一般在第3周出现死亡。对病牛的支气管进行检测并没有发现虫体存在；第三时期为牛感染 25～54d，成虫侵入呼吸道，咳嗽更加剧烈；发病后期为 55～75d，病牛趋向恢复期，病状会迅速好转。

【病理变化】　病死牛体瘦、毛焦，可视黏膜颜色发淡或苍白。肺脏两侧膈叶边缘常膨胀而颜色苍白，表面凸凹不平，肺叶上见有炎性病灶，其局部结缔组织增生。气管和支气管可见有黄白色的黏液性分泌物和黄白色细长线虫。小肠壁表面偶有散在点状或细窄短线状的灰白色瘢痕。脾脏表面见有少量灰白色绒毛样纤维素性渗出物。

二、防治措施

【预防】　在本病流行地区，每年 2 月、11 月对牛群各进行 1 次药物驱虫。幼牛和成年牛应隔离饲养，分群放牧，并且应对放牧场实行合理轮牧。

【治疗】　治疗此病的药剂较多，临床上常用药物有左旋咪唑、丙硫苯咪唑、苯硫达唑、奥芬达唑、阿苯达唑等，按药物使用说明用药。对于重症病牛可直接往气管内注射碘溶液或水杨酸钠溶液及针剂驱虫药物。为了防止细菌的继发感染，可使用解热镇痛抗炎药物及抗生素配合治疗。

第五节　吸虫病

寄生于牛的吸虫主要有肝片吸虫、大片吸虫、胰阔盘吸虫、腔阔盘吸虫、枝睾阔盘吸虫、矛形双腔吸虫、前后盘吸虫和日本分体吸虫等，它们引起牛的吸虫病。牛吸虫病导致牛全身性中毒和营养障碍、身体消瘦、皮毛干燥脱落、生产性能下降，犊牛发病临床症状明显，严重时可致死亡，给养牛业造成巨大经济损失。

一、诊断要点

胰阔盘吸虫病：粪便检查时发现虫卵，剖解病死牛胰管发现成虫可确诊该病。

肝片吸虫病：精神沉郁，被毛乱而无光泽，采食量减退或停食，进一步会体温升高，贫血、黄疸与水肿等。

双腔吸虫病：牛只表现出快速的消瘦，病牛外在表现出低位水肿，内在出现肝脏肿大，胆管壁变厚，最后因体质衰竭而死亡。

【流行特点】 每种吸虫都有其相应的中间宿主，如肝片吸虫和大片吸虫的中间宿主是锥实螺，前后盘吸虫的中间宿主是扁卷螺，日本分体吸虫的中间宿主是钉螺。吸虫病一般在多雨年份流行较重，因雨水多，水位高，螺类繁殖快，牛粪便里的虫卵易落入水中。

【临床症状】 病牛消瘦，贫血，颌下、胸下、腹下发生水肿；腹泻，有的粪便中还带有黏液和血液，严重时体温升高。

【病理变化】

胰阔盘吸虫病：对病死牛剖检发现胰管内成虫，粪便外层可见带有肠道黏液，严重的情况下预后死亡。

肝片吸虫病：常于肝脏和胆管等处发现成虫。

双腔吸虫病：病牛外在表现出低位水肿，内在出现肝肿大，胆管壁变厚，最后因体质衰竭而死亡。

二、防治措施

【预防】 搞好平时的卫生防疫工作，做好计划性驱虫和粪便管理，以及灭螺等工作。

【治疗】 肝片吸虫和大片吸虫可选用硫双二氯酚、硝氯酚、丙硫咪唑、三氯苯咪唑、双酰胺氧醚等。胰阔盘吸虫、腔阔盘吸虫、枝睾阔盘吸虫、矛形双腔吸虫均可选用氯硝柳胺和吡喹酮治疗。前后盘吸虫可选用硫双二氯酚、氯硝柳胺治疗。

第六节　牛囊尾蚴病

牛囊尾蚴病是由于感染牛囊尾蚴即牛带绦虫的幼虫而引起的一种寄生虫病，主要是由于食入被虫卵污染的饲草或者存在绦虫虫卵的人粪便而发病，虫卵进入小肠后幼虫孵出，幼虫通过肠壁进入血液，并经由血液循环到达全身各处。幼虫发育10～12周就会变为牛囊尾蚴。一般来说，牛体内的牛囊尾蚴能够生存7～9个月，也有一些可长时间存活直到宿主死亡。

一、诊断要点

感染初期会有体温升高，体质虚弱，反刍减弱或者完全消失以及腹泻等临床症状，但如果囊尾蚴在发育成熟后寄生在肌肉中，则基本上不会表现出任何临床症状。通常在屠宰检疫中发现，可见颈部肌肉、头部咬肌、肩胛外侧肌、股内侧肌和深咬肌处存在不同数量的黄灰色囊泡，显微镜进行观察，可见囊泡膜上存在黄白色头节。

【流行特点】　牛囊尾蚴对外界抵抗力较强，在牧地里一般可存活 200d 以上，在流行区里牛的感染多是由于人类粪便污染饲草、饲料及饮水所致。因此，本病的流行与人类的粪便和牧场的管理有关。

【临床症状】　感染初期由于幼虫在肠道内寄生、移行而表现为体温升高，体质虚弱，反刍减弱或者完全消失，并伴有腹泻等临床症状，严重时还会引起病畜死亡，但囊尾蚴在发育成熟后寄生在肌肉中则基本上不会表现出任何临床症状。牛囊尾蚴多寄生在咬肌、舌肌、肩胛肌、颈肌及臀肌等处，往往牛被屠宰后才能发现。

【病理变化】　屠宰检疫可见胴体颈部肌肉、头部咬肌、肩腘外侧肌、股内侧肌和深咬肌处存在不同数量的黄灰色囊泡，囊泡呈椭圆形，如同绿豆粒状，囊泡内含有大量液体。

二、防治措施

【预防】 加强饲养管理，严防病从口入；加强对牛肉的检疫工作；粪便及排出的虫体做无害化处理。

【治疗】 当前治疗该病的药物较多，效果明显，如吡喹酮、阿苯达唑、甲苯达唑、氯硝柳胺、甲苯咪唑。其中，吡喹酮对牛带绦虫有良好的杀虫作用，为当前治疗该病的首选药物。

第七节　棘球蚴病

棘球蚴病又名包虫病，是由寄生于犬、狼、狐狸等动物小肠的棘球绦虫中绦期幼虫棘球蚴感染中间宿主牛、羊和人等而引起的人兽共患寄生虫病。棘球蚴寄生于牛、羊、猪、马、骆驼等家畜及多种野生动物，以及人的肝、肺及其他器官内。棘球绦虫主要有 4 种，我国当前主要以细粒棘球绦虫为主。

一、诊断要点

棘球蚴病的生前诊断比较困难。根据流行病学和临床症状，采用皮内变态反应、间接血细胞凝集试验（IHA）和酶联免疫吸附试验（ELISA）等方法有较高的检出率。对动物尸体剖检时，在肝、肺等处发现棘球蚴可以确诊。可用 X 线和超声波诊断本病。

【流行特点】 本病的病原体是多头绦虫的幼虫，又被称为多头蚴。多头绦虫和其幼虫主要寄生在狼、狐狸、老虎、犬等肉食类动物的消化系统中，寄生虫发育成熟后，会从肉食类动物的肠道内脱落，并附着在动物粪便中被排出体外，这些附着多头绦虫的动物粪便沾染到草地、树木上面，就会对放牧环境中的植物造成污染。当这些草料被牦牛采食时，多头绦虫就会直接进入牛体内，在消化道的六钩蚴钻入肠壁，经血流或淋巴散布到体内各处，并在牛的肝脏和肺脏生存、繁育，对牛产生直接危害，且具有极强的传染性。

【临床症状】　寄生数量较少或囊体较小时，牛棘球蚴病的病症轻微，甚至有很多寄生牛无症状。当严重感染时，病牛表现消瘦，被毛粗糙，衰弱、呼吸困难或轻度咳嗽，食欲下降，体重急速减轻，情绪暴躁不安，强直性痉挛、头高举、后退，小便失禁，体温升高，剧烈运动时症状加重，抽搐、重复回旋运动及脱离牛群，乳牛产奶量下降。有时可因囊泡破裂而产生严重的过敏反应，突然死亡。

【病理变化】　棘球蚴多寄生于动物的肝脏，其次为肺脏，机械性压迫可使寄生部位周围组织发生萎缩和功能严重障碍，代谢产物破囊吸收后，使周围组织发生炎症和全身过敏反应，严重者可致死。

二、防治措施

【预防】　禁止用感染棘球蚴的动物肝脏、肺脏等组织器官饲喂犬。对牧场上的野犬、狼、狐狸进行监控，可以试行定期在野生动物聚居地投药。对犬应定期驱虫，驱虫后的犬粪要进行无害化处理，杀灭其中的虫卵。保持畜舍、饲草、料和饮水卫生，防止犬粪污染。定点屠宰，加强检疫，防止感染棘球蚴的动物组织和器官流入市场。加强科普宣传，注意个人卫生，在人与犬等动物接触或加工狼、狐狸等毛皮时，防止误食棘球蚴孕节和虫卵。

【治疗】　三氯苯唑口服，药量根据感染牛体重、感染时期和用药后恢复情况进行相应的调节。碘醚柳胺适用于牛棘球蚴病各个时期的治疗，不论是对棘球蚴病寄生虫的幼体还是成虫，该药都有较好的治疗效果。硝氯酚对于牛棘球蚴病有较好的治疗效果，按药物使用说明推荐剂量注射，采用深度肌内注射结合口服共同治疗，口服时拌入饲草进行喂食，治疗效果较好。

第八节　脑多头蚴病

脑多头蚴病又称脑包虫病，是由多头绦虫的幼虫多头蚴寄生在牦牛的大脑及脊髓中引起脑炎、脑膜炎等一系列神经症状的人兽共患病。成虫寄生于犬、狼、狐狸的小肠内，所以该病常发生于犬科类动物活动区域内，一旦防治不及时，会给牦牛养殖业造成巨大的经济损失。

一、诊断要点

牦牛脑包虫病主要临床症状是病牛向多头蚴寄生侧脑半球做转圈运动。随着虫体增大，病程延长，转圈运动持续时间延长，间歇时间变短，转圈的直径变小。与此同时，与转圈运动相反的对侧眼睛视力减退，直至失明。

【流行特点】　我国牧区多发该病，如青海、甘肃、新疆、宁夏、内蒙古等。犬科类动物是脑多头蚴的终末宿主，所以该病的主要传染源是犬、狐狸等肉食动物。终末宿主吞食了含有脑多头蚴病畜的脑和脊髓时，多头绦虫在宿主小肠内发育成熟后，其孕节和虫卵随粪便排出而污染草场、饲料或饮水，造成牦牛脑多头蚴病的流行。成虫在犬的小肠中可存活数年之久，一年四季均可排出孕节和虫卵，牦牛感染脑多头蚴病的高峰期在 1～3 岁，且一年四季都有感染的可能，所以该病没有明显的季节性。

【临床症状】　脑多头蚴病是一种神经系统性疾病，临床症状主要取决于多头蚴包囊在脑的寄生部位及大小。脑多头蚴寄生于牛、羊等动物时，有典型的神经症状和视力障碍，病程可分为前期与后期两个阶段。前期为急性期，由于六钩蚴移行到脑组织，引起脑部的炎性反应。牦牛出现体温升高，脉搏、呼吸加快，脑炎及脑膜炎症状，重度感染的牦牛常在此期间死亡。后期为慢性期，病畜耐过急性期后在短时间内不表现出临床症状。随着脑多头蚴发育成熟，压迫脑组织，逐渐产生明显的临床症状。多头蚴囊泡不断增大，局部组织受压，会产生脑神经被压迫的现象，导致意识紊乱。随着病情的发展，颅骨会逐渐软化，可能会出现穿孔现象，严重的会在转圈运动时倒地死亡。

【病理变化】　慢性病例可在脑和脊髓发现一个或数个大小不等的多头蚴囊泡，病变部位或与虫体相结合的颅骨处，骨质松软、变薄甚至穿孔，导致皮肤向表面隆起，病灶周围脑组织或较远的部位发炎，有变性或钙化的多头蚴。囊泡中有许多白色小米粒大小的头节，囊泡外膜半透明、较薄。脑组织被压迫而萎缩。

二、防治措施

【预防】　对野犬、狼等终末宿主加强管理。对野犬予以捕杀。在狼群危害严重的地区，采取必要措施对狼的种群数量加以控制，但必须在专家评估的基础上，有领导有组织地进行。犬排出的粪便应深埋或烧毁，避免饲、草料被粪便污染。定期对犬和牦牛驱虫，可在春秋两季进行预防性驱虫。对病畜尸体进行无害化处理，防止犬吃到带有多头蚴的牛、羊等动物的脑及脊髓，严格限制家犬的活动范围。

【治疗】　（1）药物治疗　按药物使用说明书推荐剂量肌内注射丙硫咪唑。该法可较好解决药物治疗过程中出现的颅内压增高的问题。

（2）手术治疗　有条件的情况下可施行外科手术摘除牛头

部前方大脑表面寄生的虫体，此法有一定的效果，但在脑深部和后部寄生的虫体难以摘除。应选择在病牛出现前冲、后退或转圈运动等症状后进行手术。

第九节　梨形虫病

牛梨形虫病是由梨形虫纲巴贝斯科或泰勒科原虫所引起的一类经硬蜱传播的血液原虫病的总称，又称焦虫病。临床上以高热、贫血、黄疸、血红蛋白尿、迅速消瘦等为特征。我国由蜱传播的牛梨形虫种类较多，其中 4 种对牛具有较强的致病性，分别为牛巴贝斯虫、双芽巴贝斯虫、环形泰勒虫和瑟氏泰勒虫。

一、诊断要点

梨形虫病由蜱传播，一般呈急性过程。巴贝斯虫病以高热、贫血、黄疸、血红蛋白尿和急性死亡为主要特征；泰勒虫病以高热、黄疸、体表淋巴结肿大为典型特征。

【流行特点】　梨形虫病的流行具有明显的季节性，一般发生在夏、秋季节且有硬蜱活动的地区，需要通过蜱进行传播。巴贝斯虫病呈世界分布，微小牛蜱为我国双芽巴贝斯虫和牛巴贝斯虫的传播者，两种虫体常混合感染；卵形巴贝斯虫的传播媒介为长角血蜱。环形泰勒虫病在我国的传播者主要是残缘璃眼蜱；瑟氏泰勒虫病在我国的传播者主要是长角血蜱，该虫常与卵形巴贝斯虫混合感染。

【临床症状】　牛患巴贝斯虫病时，体温可升高到 40～42℃，稽留热，迅速消瘦、贫血、黏膜苍白黄染。最明显的症状是出现血红蛋白尿，尿的颜色由淡红色变为棕红色乃至黑红色。环形泰勒虫病常取急性经过，病牛在 3～20d 内死亡。初期体温升高至 40～42℃，以稽留热为主。后期食欲减退，反刍停止，体温下降，衰弱而死。耐过的牛则成为带虫者。瑟氏泰勒虫病的症状与环形泰勒虫病相似，特点是病程长，症状缓和，死亡率较低。

【病理变化】　患巴贝斯虫病的牛血液稀薄、凝血不良，腹部、颈部等皮下脂肪呈黄色胶冻样水肿，内脏器官被膜均有不同程度的黄染，腹内脂肪黄染较为明显。泰勒虫病全身皮下、肌间、黏膜和浆膜上均见到大量的出血点和出血斑；全身淋巴结肿大，以颈浅淋巴结、腹股沟淋巴结、肝、脾、肾、胃淋巴结表现最为明显；在真胃黏膜上，可见蚕豆大的溃疡斑，严重者病变面积可达整个黏膜面的一半以上。

二、防治措施

【预防】　关键在于灭蜱，可根据流行地区蜱的活动规律，使用杀蜱药消灭牛体上、牛舍内及环境中的蜱；在流行季节，采取避开传播者蜱的措施。发病季节也可给牛定期注射有效药物进行预防。

【治疗】　应用特效药物杀灭虫体的同时，应根据病牛机体状况，配合以对症疗法并加强护理。常用的特效药有三氮脒（贝尼尔，血虫净）、硫酸喹啉脲（阿卡普林）和吖啶黄（黄色素）。

第十节　弓形虫病

弓形虫病是由肉孢子虫科弓形虫亚科弓形虫属的刚地弓形虫寄生于人畜引起的一种疾病。刚地弓形虫为细胞内寄生性原虫。弓形虫病是一种呈全球分布且危害严重的人兽共患病，几乎所有的温血动物均能感染弓形虫。牦牛感染后，轻症病例呈现无名高热，引起呼吸与消化系统机能障碍及妊娠繁殖障碍综合征，重症病例可引起死亡。被感染的牦牛会通过未煮熟的肉或牛奶将原虫传染给其他动物和人类。我国农业农村部已将牛弓形虫病列为二类动物疫病。

一、诊断要点

弓形虫病常引起牦牛发热、呼吸困难、神经症状及极度虚弱等，母牛发病则可引起流产。牛弓形虫病通常不是显性发病，患病后少数表现出咳嗽、食欲不振、精神沉郁，严重的会引起死亡。必须结合流行病学和实验室诊断结果进行确诊。

【流行特点】 弓形虫病多是由于牦牛在吞食弓形虫卵囊及滋养体之后感染而患病。该病的暴发与气温及湿度存在直接关系，夏秋季节是该病的高发季节。

【临床症状】 患病后主要临床症状为体温升高、呼吸困难、中枢神经机能障碍等，妊娠牦牛还可能会因此而早产或流产，其对于养殖业的发展存在较大的威胁。免疫功能正常的牦牛被感染后成为无症状的病原携带者，但免疫功能受损或抑制时可导致死亡。病牛体况中等偏下，体温38.1～39.0℃，气喘、流涎、呈腹式呼吸，食欲废绝，头颈肌肉震颤，呈角弓反张状，人工辅助抬起后仍不能自主站立，粪便干硬、发黑，上附有少许带血黏液。

二、防治措施

【预防】 预防本病平时应注意加强对牦牛的饲养管理，在枯草和寒冷期适当补饲，增强机体抗病能力，及时轮牧，尽量避免拥挤、受寒和过度劳累，减少内源性感染的发生。经常打扫卫生，对牛舍及其运动场所进行清理、消毒。

【治疗】 对发生过弓形虫病的牦牛进行隔离饲养，同时饲料内按药物使用说明添喂磺胺间甲氧嘧啶和磺胺嘧啶，连续7d，可防止卵囊感染。治疗过程中坚持消毒、药物治疗，直至牦牛完全康复为止。

第十一节　球　虫　病

牦牛球虫病是由于孢子虫纲艾美耳属的多种球虫寄生于牛肠道黏膜而引起的一种以急性肠炎、排血痢为特征的原虫性寄生虫病。患病牛以犊牛为主，发病呈急性经过，出现体温升高、贫血、腹泻、粪便带血、死亡等临床症状。牦牛球虫病对初生牦牛犊危害严重，死亡率高，且耐过的病牛或隐性感染病牛营养吸收受阻，饲料转化率降低，造成较大的经济损失，因此，须重视对本病的预防。

一、诊断要点

牦牛球虫病在使用抗生素治疗时效果不佳，结合急性肠炎、排血痢等临床特征，可进行初步诊断。必要时可结合流行病学、实验室检测肠黏膜刮取物或粪便中球虫卵囊进行确诊。

【流行特点】　牦牛的球虫病以 3 岁以内的牛发病率较高，母牛比公牛更易感，成年牛在感染后可呈隐性感染，即无症状的带虫者，可不断向外排出病原。病牛和隐性感染牛是主要的传染源。健康牛与病牛直接接触，或由于牦牛摄食了含有孢子化球虫卵囊的饲料或饮水发生感染，发病的严重程度取决于虫种和卵囊数量。该病主要发生在夏秋季节，潮湿、温暖的环境有利于球虫卵囊的发育。低凹潮湿，多沼泽草场上放牧的牛群最易发病。

【临床症状】　球虫病的潜伏期为 2～3 周，犊牛患病一般呈急性经过，病程为 10～15d。发病初期，病牛精神沉郁、被毛粗乱，体温正常或略微升高，排稀便并带有血液，个别犊牛在发病后 1～2d 内可死亡。约 1 周后病症加剧，精神委顿，食欲废绝，消瘦喜卧，体温增高至 40～41℃，胃肠蠕动微弱或停止，下痢，便中带血和黏膜，最后因脱水、贫血导致机体衰竭而亡。慢性症状病牛贫血、下痢可持续数月，被毛粗乱，生长缓慢，体况变差，排出稀薄粪便，含有少量血液和黏液，症状较重时粪便黏附在会阴、尾以及飞节处。这些现象一般不易被发现。当环境、气候发生变化，或由于更换饲料等，可发生应激加剧病情或继发其他疾病。

【病理变化】 病死牛消瘦，可视黏膜苍白，心脏、脑、肺脏、肝脏等部位无明显病变。病变主要集中在消化系统，肠黏膜发生卡他性或出血性炎症变化，肠黏膜点状或索状出血，并带有大小不一的白色或灰白色的斑点，发生肠系膜溃疡现象。直肠内容物呈褐色、混浊、有恶臭，淋巴结肿大。

二、防治措施

【预防】 成年牦牛可为隐性带虫者，应将犊牦牛和成年牛分开饲养。避免在可能滋生球虫卵囊发育的地方放牧、饮水，例如潮湿的低洼沼泽地。牛舍应冬暖夏凉，保持合理的饲养密度和通风以及干燥的饲养环境。饲料和饮水要洁净，粪便要定期处理并集中消毒或发酵处理。球虫高发季节和地区，在加强饲养管理的同时，还应在饲料和饮水中添加抗球虫药物。

【治疗】 可采取氨丙啉、磺胺氯丙嗪钠、盐霉素或某些中草药对病牛进行治疗。

第十二节　隐孢子虫病

隐孢子虫是一种寄生于人和动物肠黏膜上皮细胞的原生动物，能够造成人和动物的消化紊乱和腹泻。该病可通过水、食物、空气和密切接触等方式广泛传播，是一种在世界范围内普遍存在的人畜共患寄生虫病。

一、诊断要点

根据临床症状及流行病学情况做出初步诊断，确诊需进行实验室检查。病原学检查可用直接涂片法、饱和蔗糖溶液漂浮法镜检存在于粪便中的卵囊，死后可刮取病变部黏膜涂片染色镜检各期虫体。免疫学检查可用酶联免疫吸附试验、免疫荧光试验、免疫酶染色法、免疫印迹法等方法。

【流行特点】　隐孢子虫的生活史简单，不需转换宿主就可以完成内生阶段，随犊牛粪便排出的卵囊具感染性。其中，鼠隐孢子虫可引起中等程度的腹泻，小隐孢子虫可引起水样腹泻，多发生于3周龄左右的犊牛。

【临床症状】　潜伏期3～7d。发病主要表现为精神不振，食欲减退或废绝，严重腹泻，粪便带有大量纤维素，有时带有血液。贫血、消瘦、发育缓慢，体温偶见升高。死亡率可达16%～40%，尤以1月龄以内犊中最为严重。

【病理变化】　尸体消瘦，黏膜苍白。肠黏膜充血，肠壁变薄。小肠绒毛层萎缩受损，肠黏膜固有层有巨噬细胞、浆细胞、嗜酸性粒细胞和嗜碱性粒细胞浸润，病变部有大量不同发育阶段的虫体。

二、防治措施

【预防】　加强饲养管理，提高机体抗病力。注意做好饲料、饮水及牛舍卫生工作，防止病原感染。

【治疗】　目前尚无特效治疗药物。有报道称，二氯散糠酸脂、氨丙啉、奎宁加氯林可霉素等对本病有一定疗效。此外，可采用止泻、补液、营养等对症疗法缓解病情，以利于康复。

第十三节　新蛔虫病

牦牛新蛔虫病是由蛔虫寄生于犊牛的小肠而引发的寄生虫病。牛新蛔虫形似蚯蚓，长 15 ～ 30 cm，幼虫很小，可侵入肺脏、肝脏、肾脏等内脏器官。2 月龄以内的犊牛危害最严重，主要临床症状表现为肠炎、血便、腹围膨大、腹痛、消瘦、贫血等，病情较为严重时会因肠道堵塞或肠壁穿孔而死亡。新蛔虫虫体粗大呈淡黄色，头端有 3 片唇。

一、诊断要点

6 月龄以内犊牛易得该病，根据腹泻且粪便带有特殊恶臭、病牛软弱无力等临床症状，可作出初步诊断。用显微镜检查粪便发现牛新蛔虫虫卵或在牛粪中找到蛔虫体也可确诊。

【流行特点】　牛新蛔虫经胎盘感染，寄生于 5 月龄以内的犊牛小肠中的成虫产卵后随粪便排出体外，母牛吞食感染性虫卵后在体内发育为幼虫，幼虫穿过肠壁，移行至肝脏、肺脏、肾脏等器官。当母牛妊娠 8 个半月左右，体内的幼虫通过胎盘感染胎儿，部分犊牛因采食含有新蛔虫幼虫的初乳而感染。

【临床症状】　发病牛精神萎靡，嗜睡，食欲不振，站立不稳，腹泻，排白色黏液性的糊状粪便。犊牛排出带有脓血或血丝样的血痢，腥臭难闻，牛粪表面浮有油状物。牛腹部膨大，有时腹痛。牛被毛粗乱，发育不良，眼结膜苍白，消瘦，后肢无力，站立不稳。严重时可引起肠阻塞或肠穿孔。

【病理变化】　发病牛排出白色黏液性糊状粪便或血便，有特殊腥臭味道，牛粪表面浮有油状物，牛眼结膜苍白。

二、防治措施

【预防】　在本病流行的区域，加强环境卫生管理，注意牛舍和拴牛场清洁，垫草和粪便要勤清扫，并发酵处理，避免犊牛粪便污染母牛的饲草、饲料及饮水。在犊牛出生后 15～30d 进行第一次预防性驱虫，30d 后进行第二次预防性驱虫。

【治疗】　口服左旋咪唑。服驱虫药后 8～12h 用芒硝灌服。对于体弱的犊牛，可静脉注射葡萄糖水，补充营养与能量。对于并发其他细菌病且高热的犊牛，可肌内注射青霉素、链霉素等抗生素及安乃近。

Chapter 5

第五章
牦牛常见普通病

第一节　前胃弛缓

前胃弛缓是由于前胃内容物排出延迟所引起的疾病。临床主要表现为食欲减退，前胃蠕动减弱或停止，缺乏反刍和嗳气，以及全身机能紊乱。育肥牦牛容易发生前胃弛缓，虽然大多数患病牦牛不会死亡，但严重影响牦牛的正常进食，如果患病严重程度较高，也可造成牦牛死亡。

一、病因

原发性前胃弛缓与饲喂和管理不当直接相关。常见发病原因有精料喂量过多，粗饲料不足；粗饲料品质低劣，长期饲喂麦秸、秸籽、稻草等难以消化且未经加工调制的饲草；突然改变饲养方式；饲喂发霉变质的蔬菜、青贮饲料和干草，或冰冻及含过多泥沙块根饲料；误食毛发及纤维制品等。牦牛大多以自然草场放牧为主，耐寒、耐粗饲，若突然转入育肥圈舍，饲养方式及其所处的饲养环境发生改变。其次，育肥牦牛增重速度快，多喂优质牧草，而且精料饲喂量大，导致牦牛前胃机能紊乱以及共生微生物区系改变等。上述原因都会导致牦牛发生原发性前胃弛缓。

继发性前胃弛缓常见于急性传染病、血液寄生虫病、创伤性网胃炎、酮病、乳腺炎及中毒性疾病等。

二、诊断要点

1. 急性前胃弛缓 食欲下降，厌食酸性饲料，拒食精料；反刍缓慢，病情加重时反刍停止、食欲废绝、嗳气味臭、产奶量下降；瘤胃蠕动音减弱或消失，肠音减弱，粪便干硬、深褐色；触诊瘤胃内容物松软，多呈面团样，有时呈轻微膨气症状。久病不愈者，可排出棕褐色水样黏稠粪便，味恶臭。患牛体温下降，呈现脱水状态。

2. 慢性前胃弛缓 多为继发性，也可由急性转为慢性，病情顽固。多数患牛食欲时好时坏，便秘与腹泻交替发生，全身状态常好转与恶化交替出现，瘤胃呈周期性或慢性膨气，有时呈现异嗜现象，病牛日见消瘦，被毛粗乱。病情严重时导致机体脱水与自体中毒。

三、防治措施

【预防】 前胃弛缓的发生，多因饲料变质、饲养管理不当而引起，因此，应注意饲料选择、保管和调理，防止霉败变质，改进饲养方法。不可突然变更饲料，或任意加料。不能劳役过度，注意适当运动。牦牛舍饲育肥，前期在饲草料中加喂健胃散、人工盐、大黄苏打片1周左右，可有效预防该病的发生。

【治疗】 病初禁食1～2d后，饲喂适量富有营养、容易消化的优质干草或放牧，增强机体消化机能。皮下注射氨甲酰胆碱或新斯的明，促进瘤胃蠕动；内服液体石蜡，促进瘤胃排空；静脉注射25%葡萄糖或5%葡萄糖生理盐水、乌洛托品、安钠咖注射液进行补液，具体注射剂量参照说明书。

第二节 瘤胃积食

瘤胃积食在放牧牦牛中比较少见，但在育肥牦牛中较为常见，主要是因为看管不当，牦牛在短时间内采食大量粗饲料或容易发酵的饲料所致。该病的发生会严重影响牦牛的胃部消化功能，如果得不到及时有效的诊断，有可能造成死亡，带来经济损失。

一、病因

过食是牦牛发生瘤胃积食的主要原因。主要有以下情况：饲养管理不当，导致牦牛采食大量的小麦、玉米颗粒，或者采食大量的燕麦。食物进入瘤胃后，堆积其中，难以向下运转，进而引发瘤胃积食；养殖户不了解牦牛的采食习惯，饲料搭配不合理，投入饲料过多，导致牛在短时间内采食大量饲料，进而发病。过度饥饿后采食过量的精料；误食产后母牛的胎衣、塑料薄膜等。患有前胃弛缓、瓣胃阻塞、创伤性网胃炎、真胃扭转等疾病，也能够继发该病。

二、诊断要点

瘤胃积食病情发展迅速，通常在采食后数小时内发病，临床症状明显。初期，病牛精神不安，目光凝视，回顾腹部，间或后肢踢腹，有腹痛表现。听诊瘤胃蠕动音减弱或消失，肠音微弱或沉寂。便秘，粪便干硬呈饼状，间或下痢。触诊缩胃，病畜不安，内容物黏硬，用拳按压，遗留压痕。有的病畜瘤胃内容物坚硬如石。晚期病例，病情急剧恶化。肚腹膨隆，呼吸促迫而困难。心悸，四肢、角根和耳冰凉，战栗。眼球下陷，黏膜发绀。衰弱，卧地不起，迅速死亡。

三、防治措施

【预防】 注重日常饲养管理，避免过量添加精料，防止突然变换饲料或过食，最大限度防止皱胃弛缓；防止误食胎衣、塑料薄膜等。

【治疗】

（1）禁食及瘤胃按摩　瘤胃按摩每次 5～10min，每隔 30min 一次。或先灌服大量温水，再按摩，效果更好。

（2）清肠消导　内服硫酸镁或硫酸钠＋液体石蜡或植物油＋鱼石脂＋75%酒精＋水，混合溶解后一次灌服。

（3）促反刍　静脉注射 10%氯化钠、10%氯化钙和 20%安钠咖，具体注射剂量参照说明书。

（4）防止脱水与自体中毒　静脉注射 5%葡萄糖生理盐水、安钠咖、维生素 C，具体注射剂量参照说明书。

（5）手术疗法　药物治疗无效时，应果断进行瘤胃切开术，取出内容物，并用 1%温食盐水洗涤。

第三节　瘤胃胀气

瘤胃胀气是牛过量采食易于发酵的饲料，在瘤胃细菌的作用下过度发酵，迅速产生大量气体，致使瘤胃急剧胀大，并呈现反刍和嗳气障碍的一种疾病。

一、病因

1. 原发性原因　主要由于采食大量容易发酵的饲料，如露水草、带霜水的青绿饲料、已发酵或霉变的青贮饲料等，特别是在开春后开始饲喂大量肥嫩多汁的青草时最危险。若误食某些麻痹胃的毒草，如乌头、毒芹和毛茛等，常可引起中毒性瘤胃胀气。另外，饲料或饲喂制度的突然改变也易诱发本病。

2. 继发性原因　继发于某些疾病之后，如食管阻塞、麻痹或痉挛、创伤性网胃炎、瘤胃与腹膜粘连、慢性腹膜炎、网胃与膈肌粘连等。

二、诊断要点

1. 原发性瘤胃胀气　常见于采食中或采食后不久，病牛发病突然，腹围膨胀，疼痛不安，特别是右侧显著；病牛拱起腰背，用后肢踢腹部，嗳气、反刍停止，听诊瘤胃蠕动音减弱甚至消失；触摸瘤胃，紧张有弹性；叩诊呈鼓音；另外，原发性牛瘤胃鼓气还伴有眼结膜充血、张口流涎、头颈伸直、眼球突出、伸舌吼叫、排粪量少且次数增加等症状，体温也可能会升高，而且患有瘤胃胀气的牛也会伴有站立不稳、全身出汗、行走摇摆的现象，很容易因体力支撑不住而出现倒地的现象。一旦病牛出现倒地的现象将会加重病情，如果不能及时治疗，将会造成病牛出现呼吸困难的现象，甚至因此而窒息死亡。

2. 继发性瘤胃胀气　通常发生过程较为缓慢，主要伴随瘤胃弛缓症状，同时，大量的气体集聚在瘤胃内，瘤胃的收缩力和收缩次数最开始会增加，到后期将会呈现弛缓的状态。用套管针或胃管放气，气体可以直接从管腔逸出，消除胀气的同时，臌胀的部位呈现出凹陷的状态。

三、防治措施

【预防】　着重加强饲养管理。增强前胃神经反应性，促进消化机能。在放牧前 1 周，先饲喂青干草、稻草或作物秸秆，然后放牧或青饲，以免饲料骤变发生过食。放牧时应注意避免采食开花前的豆科植物。尽量少喂堆积发酵或被雨露浸湿的青草，以防膨胀。

【治疗】　病初症状较轻者，消气灵加水适量，一次灌服；或将患牛置立于前高后低的斜坡上，按摩瘤胃或将涂有松馏油的木棒横置于病牛口中，让其不断咀嚼而促进气体的排出；对原发性（泡沫性）胀气，可选用鱼石脂、松节油、酒精，混合，一次灌服；非泡沫性胀气，可用氧化镁，加水适量，一次灌服；继发性胀气，可用硫酸镁和碳酸氢钠加水混合，一次灌服，具体灌服剂量参照说明书；严重急性胀气有窒息危险时，用套管针穿刺瘤胃放气。

第四节 瓣胃阻塞

瓣胃阻塞俗称"百叶干"，是指由于瓣胃收缩力减弱，蓄积大量干涸内容物而引起瓣胃麻痹和瓣胃小叶压迫性坏死的一种严重疾病。该病常呈慢性，在前胃疾病中发病率较低。原发性少见，继发性多见。

一、病因

牦牛发生瓣胃阻塞主要是由于在日常饲养中牦牛受到多种因素刺激，或者采食不当，一次性大量采食而饮水不足，或牦牛圈断水等导致饮水不足，或草场放牧时，牦牛舔食牧草时泥沙混入食糜，或补饲的高效养殖专用饲料富含玉米、小麦、麻渣等精饲料在瓣胃中吸收大量水分堵塞瓣胃，导致内容物不能向下运输吸收，进而诱发瓣胃阻塞。

二、诊断要点

病初精神沉郁，食欲、反刍减少，空嚼磨牙，鼻镜干燥，嗳气增加，口腔潮红，眼结膜充血，产乳量降低，前胃弛缓，瘤胃臌气或积食。严重时，食欲废绝，鼻镜龟裂，眼结膜发绀，眼凹陷，呻吟，磨牙，四肢无力，全身肌肉震颤，卧地不起。粪逐渐减少，呈胶冻状、黏浆状、恶臭，后呈顽固性便秘，干燥呈球状、扁硬状，粪层外附白色黏液。尿液少，呈深黄色，出现临床症状 2d 后，患病牛停止采食，并出现反复消化不良症状。后期无尿，呼吸、体温和脉搏正常。在右侧第 7～9 肋间，肩关节水平线上听诊瓣胃，初期蠕动微弱，后期完全停止。触诊瓣胃时，患畜有痛感。当全身症状恶化，可迅速引起死亡。

三、防治措施

【预防】 减少粗硬饲料，增加青饲料和多汁饲料。防止单纯饲喂麸皮、谷糠类饲料。保证充足的饮水，给予适当运动。

【治疗】 轻症病例可内服泻剂和促进前胃蠕动的药物。重症病例可行瓣胃注射。注射部位为右侧第9肋间与肩关节水平线相交处。注射药物一般用硫酸钠、甘油和水混合后一次注入，具体注射剂量参照说明书。

第五节 皱胃变位

皱胃变位是一种常见的皱胃疾病，可分为左方变位和右方变位，临床上以左方变位多见，也叫皱胃位移，是指皱胃通过瘤胃下方移至左侧腹腔，位于瘤胃和左腹壁之间；右方变位又称为皱胃扭转，是指皱胃按顺时针方向扭转至瓣胃的后上方，位于肝脏和腹壁之间。

一、病因

皱胃变位主要是由皱胃弛缓或皱胃机械性转移所致。

1. 皱胃弛缓 皱胃机能不良，导致皱胃扩张和充气，皱胃因受压迫而游走变位。造成皱胃弛缓的原因包括一些营养代谢性疾病或感染性疾病，如酮病、低钙血症、生产瘫痪、牛妊娠毒血症、子宫炎、乳腺炎、胎衣不下、消化不良，以及喂饲较多的高蛋白精料或含高水平酸性成分饲料等。此外，皱胃弛缓可使病畜食欲减退，导致瘤胃体积减小，促进皱胃变位的发生。

2. 机械因素 妊娠子宫逐渐增大而沉重，将瘤胃从腹腔底抬高，而致皱胃向左方移位。分娩时，由于胎儿被产出，瘤胃恢复下沉，致使皱胃被压到瘤胃与左腹壁之间。此外，爬跨、翻滚、跳跃等情况，也可能导致皱胃变位。

二、诊断要点

1. 皱胃左方变位　发病初期，病牛食欲不振或者完全废绝，产奶量急剧下降，精神萎靡，倦怠无力。腹部可见左腰旁窝凹陷，也可见左腰前半部的中间或者偏下处发生明显隆突，但右下腹部比较平坦。从后躯观察，可发现左右两侧的腰腹部呈明显不对称。病牛瘤胃蠕动音微弱或者完全消失。有时病牛会选择性或者间断性地采食，喜食青草，拒绝采食精料，反刍减少，伴有略微臌气。听诊腹部能够听到因皱胃蠕动发出的叮零音或者潺潺的流水音，但病牛体温、呼吸、心跳基本正常，且没有出现腹痛。

2. 皱胃右方变位　病牛临床表现与左方变位相似，但听诊可在右肋骨弓部到右腹中部听到较大面积的"钢管音"。直肠检查发现皱胃后壁臌胀，紧张，但依旧有弹性，含有大量的气体和液体。病牛表现出剧烈腹痛，神情不安，呼吸频率为40～70 次/min，心跳达到 90 次/min，体温为 39～40℃，但皮温下降，眼窝深陷，明显脱水，快速发生循环衰竭体征或者休克。

三、防治措施

【预防】　注重日常饲养管理，避免过量添加精料，严禁突然变更饲料，最大限度防止皱胃弛缓；对于发生乳腺类或子宫炎、酮病等疾病的病畜应及时治疗。在产犊高峰期，要对母牛给予重视，可在产前 15d 及时补充亚硒酸钠、维生素 E，产后加强钙剂的补充，能够有效降低该病发病率。

【治疗】　皱胃发生左方变位时，保守治疗的方法是首先让病牛禁食 1d，并限制其饮水量，然后用滚转疗法治疗，即让病牛左侧卧，继而转为仰卧，以背部为轴心，迅速地使其向左右来回滚转约 3min，立即停止，使其左侧卧，再转为俯卧姿势，使其站立，并确定是否复位。若未复位可反复进行。保守治疗效果不佳时需进行手术。皱胃右方变位用药物治疗无效，一旦确诊，必须尽早采取手术疗法。

第六节　瘤胃酸中毒

牦牛瘤胃酸中毒又被称为酸性消化不良，是由于牦牛养殖中（主要是集中育肥期）投喂了大量精饲料、酒糟或品质较低的青贮饲料，导致饲料在瘤胃中快速发酵，瘤胃 pH 迅速下降，而引起瘤胃微生物区系失调和功能紊乱的一种代谢性疾病。

一、病因

牦牛突然食入大量富含碳水化合物的饲料是本病最常见的病因。正常情况下，牦牛瘤胃 pH 为中性略偏酸（pH 在 6～7 之间），是相对稳定的。牦牛养殖过程中，常常因为放牧管理不当或者集中育肥期间的精料补饲使得牦牛过量采食富含碳水化合物的豆科类牧草、谷物类作物或者精饲料，导致牦牛瘤胃酸中毒的发生。此外，过量使用青贮饲料也是引起牦牛酸中毒的一个原因。

二、诊断要点

【流行特点】 瘤胃酸中毒一年四季均可发生，但以冬春季较多。因冬春季牧草匮乏，会对牦牛进行集中育肥。此阶段如饲喂精料过多，精料和粗料比例不当，易发生瘤胃酸中毒。

【临床症状】 发病初期，患病牦牛精神较差，食欲减退，反刍无力，嗳气停止，腹部维度增大。轻症病牛精神沉郁，眼窝深陷，结膜潮红；食欲废绝，排出酸臭稀便，少尿或无尿；四肢无力，卧地不起，全身肌肉震颤；磨牙，心率加快，体温升高。重症病牛呈现明显的神经症状，步态蹒跚，行如酒醉，随着病情的发展，出现意识不清症状，各种反射均减弱甚至消失，后躯麻痹，卧地不起，眼球震颤，乃至昏迷死亡。

三、防治措施

【治疗】　牦牛瘤胃酸中毒治疗主要以排出瘤胃内容物，平衡电解质，补充钙糖，预防继发感染，清理肠道为主。发生瘤胃酸中毒后可以用饱和石灰水或 1‰碳酸氢钠液反复洗胃，直至洗出液无酸臭气味，且成中性或碱性反应为止；另外要及时静脉输液（5％葡萄糖生理盐水，5％碳酸氢钠注射液，混合后 1 次静脉注射，直到脱水和酸中毒症状缓解为止）以维持血液酸碱平衡，缓解脱水，具体注射剂量参照说明书。

【预防】　牦牛饲喂过程中要保证一定的精粗比，成年牦牛每天应保证供给 3～4kg 干草。精料饲喂量高时，日粮中可加入 2％碳酸氢钠、0.8％氧化镁等。

第七节　酮　　病

牦牛妊娠后期和哺乳期，由于碳水化合物摄入不足，机体对能量的需求无法得到满足，不得不分解体脂肪以提供能量。脂肪分解过程中，有酮体（乙酰乙酸、丙酮和 β-羟丁酸）产生，当酮体的产生量超过肝脏的利用能力，酮体蓄积于血液和组织内，由此引起的营养代谢疾病即为酮病。

一、病因

牦牛的酮病通常分为两种情况：

（1）牦牛妊娠后期，胎儿体积增大，压迫母牦牛的胃，使得牦牛采食量下降，同时由于胎儿迅速生长，需要大量的营养物质，此时应该给母牦牛适当补饲体积小、易消化、营养物质含量高的日粮，若继续饲喂大体积、营养价值低的饲料，母牦牛和胎儿的营养需要都得不到满足，机体将降解体脂和蛋白质来满足能量需要。脂肪降解提供能量过程中，会产生酮体，当酮体产生的量超过牦牛肝脏所能利用的限度，血液中酮体累积，造成酮中毒，严重时可导致母牦牛和胎儿的死亡，又称为妊娠毒血症。

（2）牦牛产后大量泌乳时，若采食量不足或日粮配比不当，泌乳所消耗的能量无法得到补充，机体会动员体脂和蛋白质进行降解来满足对能量的需要。脂肪降解提供能量过程中，会有酮体产生，当酮体产生的量超过牦牛肝脏所能利用的限度，血液中酮体累积，造成酮中毒。

二、诊断要点

【流行特点】　该病多发于妊娠双胎或者营养状况较好的母牦牛，尤其在冬春季节饲草匮乏时，母牦牛发病率更高，病牛会出现高血脂、低血糖、酮血以及无食欲等症状。

【临床症状】　牛酮血症病牛临床表现为乳汁、血液内的酮体含量明显升高，同时血糖浓度相应降低，病牛的消化功能紊乱，食欲减弱，粪便干涩，严重的病牛乳汁中带有泡沫，呈现轻微的黄色。有的病牛呼出的气体和排出的体液中都含有酮体的味道。此外，患病后期病牛会表现出明显的嗜睡、精神萎靡、卧地不起等症状，严重时可导致死亡。

三、防治措施

【治疗】　牦牛患酮病后，可将 25％～50％的葡萄糖注射液＋5％碳酸氢钠注射液＋500IU 辅酶 A 混合后静脉注射给患病牛，每天 1 次，连续注射 1 周能够取得良好的效果。具体注射剂量参照说明书。

【预防】　牦毛妊娠后期及哺乳期适当饲喂体积小、营养丰富、适口性好的饲料，不饲喂体积大、营养低、适口性差的饲料，同时注意预防围产期疾病、控制环境应激等。确保妊娠母牛干物质采食量达到最大，可有效预防该病的发生。另外，经常监测血液中葡萄糖及酮体浓度，有重要参考意义。对血液酮体浓度增加、葡萄糖浓度下降的病牛，除做酮病治疗外，还应增进动物食欲，防止过多动用体脂。

第八节　营养衰竭

冬春季节，牧草匮乏，牧区其他饲料资源也严重缺乏，牦牛营养严重不足，导致体内贮备的糖原、脂肪和蛋白质被加速分解及严重耗损，最终出现一系列营养不良直至衰竭的状况。

一、病因

冬春季节，牧草匮乏，牧区其他饲料资源也严重缺乏，牦牛营养严重不足。在营养供给不足而体脂消耗过大状态下，患畜随即出现生理饥饿，机体不得不动员体内贮备的营养物质如糖原、脂肪和蛋白质开始自体分解。随着营养不良状态的发展，胃肠的消化机能逐渐减退，能摄取到的一些有限的营养物质也不能得到充分的消化和吸收，同时肝脏解毒功能也随之降低，导致肝脏营养不良。肌蛋白质的自体分解造成肝脏和肌肉中氮、磷化合物严重耗损，葡萄糖磷酸激酶和三磷酸腺苷酶的活性下降，由此而产生如渐进性消瘦、体温降低、胃肠道弛缓和充血性心力衰竭等症状。

二、诊断要点

【流行特点】 牦牛营养衰竭多见于牧区冬春季节，牧草匮乏且其他饲料资源也严重缺乏时期。

【临床症状】 最突出的症状是渐进性消瘦。牦牛全身骨架显露、弓背、被毛粗乱无光，皮肤枯干多屑，弹性降低，全身重要的骨骼肌萎缩，肌腱紧张度下降，精神沉郁，运动无力，极易疲劳，有时体温偏低，末梢器官发冷，通常能保持一定食欲。随着病程发展，初春季节如遇长时间雨雪天气，患畜极难抗御寒冷侵袭，将卧栏不起，身体突出部位可产生褥疮或破损，死前极度衰竭，食欲废绝，体温下降，胃肠弛缓，便秘或下痢，甚至直肠脱出。病程通常在 1 个月左右。

三、防治措施

【治疗】 以营养疗法为主，辅助适当的药物和护理。将病牛放在较松软的土地上，防止外伤引起的褥疮。按照说明书推荐剂量给病牛饮用可溶性复方维生素葡萄糖粉。轻度衰竭症的治疗在消除致病因素的基础上，给予富有营养、容易消化的饲料，改善饲养管理、卫生条件，经补糖、补钙和强心后，病牛体况大多得以改善，多可恢复。

【预防】 加强牦牛的饲养管理，夏季牧草丰盈时，通过晒制干草或制备青贮饲料的方式保存牧草，以备冬春季节牧草匮乏时使用。冬春季节牧草匮乏时，应给牦牛补充适当的精料，同时饲喂足量的草料，保证适宜的精粗比例，确保牦牛摄入充足的能量、蛋白以及维生素和矿物元素，做好安全越冬工作。定期驱虫与及时治疗原发病史是预防衰竭症的关键。

第九节　子宫内膜炎

子宫内膜炎是子宫黏膜的炎症性病变。本病是常见的母牛生殖器官疾病，是造成母牛不孕的主要原因之一。本病可分为急性和慢性两种。急性子宫内膜炎多发生于产后，因子宫黏膜受到损伤和感染所致，多数伴有全身症状；慢性子宫内膜炎多由急性子宫内膜炎转变而来，炎症变化一般局限于子宫内膜，大多无全身症状。

一、病因

多数牦牛妊娠后期正处于寒冷枯草季节，此时的营养补给、蛋白质、微量元素、维生素等满足不了母牛的营养需求。在此情况下，母牛营养代谢不良、子宫发育不全等问题将诱发子宫内膜炎。

母牛分娩期环境卫生差，清扫、消毒不彻底易感染子宫内膜炎。配种及接产过程消毒不严，容易引发此病。母牛感染某些传染性疾病而流产同样可导致子宫内膜炎。此外，子宫脱、胎衣不下、阴道炎等均可继发引起子宫内膜炎。

二、诊断要点

1. 急性子宫内膜炎　一般发生在产后或流产后，病牛弓背努责，常将尾根举起，从阴门处排出灰白色混浊的黏液性或脓性分泌物，卧下时排出量增多。病牛精神沉郁，体温升高，食欲减退，反刍减少或停止，并伴有轻度瘤胃臌气。阴道检查时，子宫颈稍开张，外口充血肿胀，常流出炎性分泌物。直肠检查时，可感到子宫角增大，呈面团样，有时有波动。严重时流出含有腐败分解组织碎块的恶臭液体，并有明显的全身症状。

2. 慢性子宫内膜炎　多由急性转变而来。病牛食欲稍差，阴门排出少量混浊带有絮状物的黏液或灰白色、褐色的混浊浓稠的脓性分泌物。发情不规律或停止发情，屡配不孕。卡他性子宫内膜炎有时可变成子宫积水，外表没有排出液体，无明显症状，但屡配不孕。

三、防治措施

【预防】　加强放牧管理，科学划区轮牧。枯草季节，妊娠母牛应选在海拔低、长势好的牧场放牧，根据放牧情况，合理有效补饲，适量补充青干草、颗粒饲料、微量元素、维生素、营养舔砖等，以增强牦牛体质，降低此病的易感率。同时，助产期间，严格消毒管理，以防病菌内侵而造成人为感染。对分娩后母牛的栏舍要保持清洁、干燥，预防子宫内膜炎的发生。

【治疗】

（1）治疗原则　抗菌消炎，促进炎性产物的排出和子宫功能的恢复。

（2）子宫冲洗疗法　可用1％氯化钠溶液加温后冲洗子宫，1次/d，连续冲洗2～4d；较为严重的患牛可用0.1％～0.3％高锰酸钾溶液加温后冲洗子宫。对伴有严重全身症状的病牛，为避免炎症扩散加重病情，应禁止使用冲洗疗法。

（3）子宫内给药　子宫冲洗后宜选用抗菌范围广的药物直接注入或投放子宫，如青霉素、链霉素、四环素、庆大霉素、卡那霉素、红霉素等。

（4）激素疗法　对产后患子宫内膜炎的动物，可肌内注射催产素或麦角新碱，促进炎性产物排出和子宫复原。

（5）全身治疗　当病牛伴有体温升高、食欲下降等全身症状时，首先要进行全身治疗。肌内注射青霉素、链霉素、地塞米松，注射缩宫素注射液，2次/d，连用3d。一个疗程没有治愈的可增加一个疗程，具体注射剂量参照说明书。

第十节　乳　腺　炎

乳腺炎是母畜乳腺的炎症，是成年泌乳牦牛常见的普通病之一。本病不仅影响产奶量，造成经济损失，而且影响奶的品质。

一、病因

牦牛发生乳腺炎主要是由于饲养管理不当、环境卫生不良、乳房皮肤在放牧时被划破、挤奶技术不佳等造成乳腺感染。当牦牛在崎岖不平的草原山坡放牧，有灌木丛或其他硬物较多时，乳房容易受到外伤感染而发生乳腺炎；牦牛泌乳期降雨多，草场圈舍潮湿，加之圈舍内粪便不清除、不消毒，牦牛夜间卧在草场或圈舍中休息，乳房容易受脏污而发生乳腺炎；挤奶人员技术不熟练，挤奶方式不合理，挤奶动作粗放，乳汁不能挤尽，造成乳房、乳头损伤感染而发生乳腺炎；挤奶人员卫生意识差，挤奶前后不洗手、不清洗乳房乳头、不消毒，导致病原菌感染而发生乳腺炎。

二、诊断要点

根据乳腺和乳汁有无肉眼可见变化，可将乳腺炎分为非临诊型乳腺炎、临诊型乳腺炎和慢性乳腺炎。

1. 非临诊型乳腺炎　乳腺和乳汁通常无肉眼可见变化，要用特殊的试验才能检出乳汁的变化。

2. 临诊型乳腺炎　乳房和乳汁均有肉眼可见的异常，发病率为 $2\% \sim 5\%$。根据临诊病变程度，可分为轻度临诊型、重度临诊型和急性全身性乳腺炎。

（1）轻度临诊型乳腺炎　触诊乳房无明显异常，或有轻度发热、疼痛或不热不痛，可能肿胀。乳汁中有絮片、凝块，有时呈水样。从病程看，相当于亚急性乳腺炎。这类乳腺炎只要治疗及时，痊愈率高。

（2）重度临诊型乳腺炎　患病乳区急性肿胀，皮肤发红，触诊乳房发热、有硬块、疼痛敏感，常拒绝触摸。产奶量减少，乳汁为黄白色或血清样，内有乳凝块。全身症状不明显，体温正常或略高，精神、食欲基本正常。从病程看，相当于急性乳腺炎。这类乳腺炎如治疗早，可以较快痊愈，预后一般良好。

（3）急性全身性乳腺炎　患病乳区肿胀严重，皮肤发红发亮，乳头也随之肿胀。触诊乳房发热、疼痛，全乳区质硬，挤不出奶，或仅能挤出少量水样乳汁。患牛伴有全身症状，体温持续升高（40.5～41.5℃），心率增速，呼吸增加，精神萎靡，食欲减少，进而拒食、喜卧。从病程看，相当于最急性乳腺炎。如治疗不及时，可危及患牛生命。

3. 慢性乳腺炎　通常是由于急性乳腺炎没有及时处理或由于持续感染，而使乳腺组织处于持续性发炎的状态。一般局部临诊症状可能不明显，全身也无异常，但产奶量下降。

三、防治措施

【预防】　搞好环境卫生，保持挤乳人员手指的清洁；正确挤乳，在挤乳前，最好用温水将各乳区洗净，挤乳时姿势要正确，用力均匀并尽量挤尽乳汁；加强护理，母牛产前要及时并彻底停乳，在停乳后期与分娩前，特别是在乳房明显膨胀时，应适当减少多汁饲料和精料的饲喂量；分娩后加强护理，从生殖器官排出的恶露或炎性分泌物，及时清除消毒，并经常消毒外阴部及尾部，同时控制饮水，适当增加运动和挤乳次数。

【治疗】

（1）冷敷和热敷　在急性乳腺炎初期，对乳房进行局部冷敷，每天 2～3 次，每次 20min；2～3d 后对乳房进行热敷，每天 2 次，每次 20min。

（2）按摩治疗 乳腺炎后期或慢性乳腺炎，用 10％的硫酸镁溶液热敷，并按摩乳房，以增强乳房的血液循环，加速乳腺炎的治愈。

（3）乳房基底封闭疗法 用盐酸普鲁卡因溶液、青霉素及磷酸地塞米松进行乳房基底封闭治疗。

（4）乳房灌注 挤尽乳汁，用生理盐水对乳房进行冲洗，轻轻按摩乳房后排出冲洗液，待排出的冲洗液呈无色透明时即停止冲洗，再用盐酸普鲁卡因溶液和青霉素缓慢注入乳池，每天 2 次，连用 2～4d。

（5）抗菌消炎 应用抗微生物药物氟苯尼考等肌内注射进行抗菌消炎，具体注射剂量参照说明书。

第十一节 硒缺乏症（白肌病）

牦牛的饲养方式以放牧为主，放牧牦牛微量元素的摄入取决于当地土壤中微量元素的含量。我国西南地区处于缺硒地带，由于微量元素硒的缺乏，一些家畜在幼年时期很容易患上白肌病，导致心肌以及骨骼肌发生病变或凝固性坏死。白肌病可引起严重的消化系统紊乱、运动障碍、心力衰竭等症状，大多数患有白肌病的牲畜肉色苍白，存活率偏低。

一、病因

主要是由于牦牛犊牛体内缺乏维生素 E 和微量元素硒。研究表明，日常饲料硒含量只需要达到 0.15％就能够满足牦牛犊牛的需求。但是，在夏季短、冬季长的高原地区，夏季牦牛大多处于天然放牧状态，牧草中微量元素硒的含量仅有0.05％，远不能满足牦牛的需求，而冬季饲料中淀粉类的食物相对较多，微量元素硒以及维生素 E 更少，极易诱发白肌病。

二、诊断要点

【流行特点】 白肌病是一种常见、多发于家畜幼年时期的疾病。研究表明，白肌病发病情况具有一定的季节性，冬春季发病率较高，且死亡率较高。秋季次之，夏季发病较少。

【临床症状】 白肌病是由于微量元素硒缺乏而导致牦牛犊牛消化功能紊乱、心力衰竭的一种常见疾病。高原牦牛犊牛患病后，通常会出现被毛粗乱、精神亢奋或萎靡、贫血、消瘦、消化不良、大便黏稠、食欲不振、生长缓慢、呼吸急促、心律不齐等症状；剧烈运动后，可能会出现兴奋、哀叫、不安等症状，数分钟后死亡。

三、防治措施

【治疗】 以补硒为主，辅以维生素 E，常用 0.1% 亚硒酸钠进行肌内或皮下注射，同时口服维生素 E 丸，或注射维生素 E 注射液，口服或注射剂量参照说明书。另外，目前有亚硒酸钠-维生素 E 复合注射液，临床使用效果良好。

【预防】 冬春季为高原牦牛犊牛白肌病高发季节，因此，冬春季的预防措施主要以补微量元素硒（注射 0.1% 的亚硒酸钠等补硒方式）及补充维生素 E 为主。放牧牦牛中的犊牦牛和妊娠期牦牛要进行重点补充，具体的使用剂量和使用方法参照补充剂的说明书。另外，硒也可以通过在放牧区放置矿物元素舔砖进行补充。

第十二节　锌缺乏症

牦牛的饲养方式以放牧为主，放牧牦牛微量元素的摄入取决于当地土壤中微量元素的含量，如放牧区域土壤中锌含量低，牦牛则易出现锌缺乏症。锌缺乏症是一种动物机体中锌不足而引起的以生长停滞、皮肤角化不全、骨骼发育异常及繁殖功能障碍为特征的营养代谢性疾病。

一、病因

1. 原发性锌缺乏 由于饲喂了土壤中锌含量低于 $30\sim100$ mg/kg 地带生长的牧草。牧草锌含量低于 10 mg/kg 和谷类作物中锌含量低于 5 mg/kg 均会引起该病的发生。

2. 继发性锌缺乏 由于饲喂的饲料中含有过多的钙或植酸钙镁等，抵制了牛机体对饲料中锌的吸收和利用，从而发生锌缺乏症。

二、诊断要点

【流行特点】 饲料或饲草锌缺乏时，产乳期牦牛和干奶期牦牛最易得锌缺乏症，肉用牦牛次之，犊牛相比较来说最不易得。除通过病史调查、临床症状和病理变化观察以外，应结合血液和各个脏器中锌含量检测结果最终确诊。

【临床症状】

（1）犊牛锌缺乏症 一般会出现持续 2 周以上的食欲明显减弱乃至废绝，生长发育缓慢或停滞等现象。阴户、肛门、鼻镜、耳根、尾根、跗关节、膝皱襞等处的皮肤最易发生角化不全、干燥、弹性减退、肥厚等变化。骨骼发育异常、关节肿大、后肢弯曲、僵硬、四肢无力、步伐缓慢不稳等，并在阴囊、四肢部位出现类似皮炎的症状，皮肤粗糙、瘙痒、脱毛、蹄周及趾间皮肤皲裂。

（2）成年牛锌缺乏症 除会出现犊牛皮肤角化不全等相似症状以外，还会表现出繁殖性能下降和伤口愈合缓慢等现象。繁殖性能障碍母牛表现为不发情、发情延迟或发情后不孕，胎儿畸形、早产、死胎等。公牛表现为睾丸、附睾、前列腺和垂体发育受阻，性机能降低。

三、防治措施

【治疗】　发现牦牛患锌缺乏症后，应给牦牛口服或肌内注射锌制剂快速补充锌，具体的口服和注射方法以及剂量参照说明书。

【预防】　放牧牦牛通过注射含锌的缓释针剂、放牧区放置含锌的矿物元素舔砖均可起到预防作用，具体的使用方法参照说明书。

第十三节　镁缺乏症

反刍动物对镁的需求量高于单胃动物。镁缺乏症是由于牦牛体内镁储存量低，而从饲草中获得的镁不足，动物体内镁消耗殆尽而导致的营养代谢性疾病，主要表现为抽搐、痉挛。

一、病因

在漫长的草场枯黄期，给牦牛长期饲喂缺镁、缺钙的饲料，使得牦牛体内镁存储量低；草场返青时，初春生长旺盛的青草中镁含量较低而钾含量高，钾可以拮抗镁的吸收，牦牛大量采食初春的青草后导致镁摄入量低。体内镁储存量低，而摄入量不能满足机体对镁的需要，导致血镁含量低，从而引发镁缺乏症。另外，饲养管理不当，导致牦牛饥饿；天气骤变，导致牦牛不适应等情况共同作用也会引发本病的发生。

二、诊断要点

【流行特点】　膘情好、食欲旺盛的牦牛易得该病，产乳牦牛发病率最高。根据患病牦牛采食青草饲料史，结合以抽搐、惊厥、共济失调等为主的神经症状，可初步做出诊断。若病情较缓，可通过血检进一步确诊，当血镁含量在 1.5 mg/L 以下（正常值为 1.8～3.5mg/L）时，即可确诊。

【临床症状】

（1）**急性型** 多见于犊牛和生长速度快的牦牛。放牧时牦牛经常突然停止游走吃草，甩头哞叫，对周围警惕；空口磨牙或牙关紧闭，肌肉明显痉挛性抽搐，两耳直竖，尾巴、两后肢运动不灵活甚至强直性痉挛，有的头向后背弯曲，角弓反张；反应敏感，稍有轻微干扰即可促发持续的哞叫甚至狂奔；病牛步态不稳，甚至倒地不起，四肢抽搐，很快转为阵挛性惊厥，持续几分钟。惊厥时，全身肌肉震颤，眼睛瞬膜外翻，空嚼，口吐白沫，两耳直竖；间歇期静卧不动，但突然遇到声响或触动又重新发作。

（2）**亚急性型** 发病前期多见食欲不振，3～4d 后病牛面部表情扭曲，性情狂躁不安，对驱赶和人为给予的外来刺激反感甚至反抗，尿闭，不断排粪。听诊可见病牛瘤胃蠕动音减弱，全身肌肉间歇性震颤，后肢更加明显，站立不稳，行走时步态不稳，僵硬，头颈后缩，牙关紧闭。给予人为刺激，如针刺，可引起病牛剧烈惊厥。卧地不起的病牛，精神不振，颈部多呈 S 状弯曲。少数病例兴奋狂躁，前冲后仰，无目的地奔跑，眼露凶相，卧地后四肢抽搐，口吐白沫，伸舌气喘。有些可自愈。

（3）**慢性型** 一般不表现明显的临床症状，少数略显呆滞，或兴奋不安，或出现运动障碍。

三、防治措施

【治疗】 首先，肌内注射盐酸氯丙嗪以缓解病牛惊厥症状，用量为每千克体重 1～2mg；其次，静脉缓慢注射 20% 硫酸镁溶液、10% 葡萄糖、维生素 C；为保证血镁的稳定，静脉注射后可肌内注射 20% 硫酸镁溶液，具体注射剂量参照说明书。治疗过程中一定要保持环境安静，保证无过强光线，避免任何刺激，并在患畜身下和周围铺好干麦草或稻草。

【预防】 放牧前1～2周，按照说明书上推荐剂量，在饮水或日粮中添加含镁制剂或在放牧区放置含镁的矿物元素舔砖均可起到预防作用。另外，放牧时间要逐步增加，尤其是放牧第1周时间要短，青草采食量不能太多，同时，每天补充一定量的干草和全价配合饲料。

第十四节　铜缺乏症

牦牛的饲养方式以放牧为主，放牧牦牛微量元素的摄入取决于当地土壤中微量元素的含量，长期的微量元素不均衡导致出现微量元素缺乏症。牦牛放牧区域大多属于铜缺乏区，易出现铜缺乏症。铜缺乏症是由牦牛摄入铜不足及组织对铜的利用发生障碍所引起的牛的一种地方性代谢病。临床上以贫血、严重腹泻和中枢神经系统机能障碍为特征。

一、病因

铜缺乏症病因可分为原发性和继发性两类。原发性铜缺乏是由于土壤缺铜或土壤中铜不能被牧草利用，牧草含铜量不足，牦牛放牧区域大多处于铜缺乏区，易出现牦牛铜缺乏症。继发性铜缺乏是由于饲料中虽有足够的铜，但钼和硫元素含量过多，发生拮抗作用，使组织利用铜发生障碍。

二、诊断要点

【流行特点】 大多数铜缺乏症出现在哺乳或放牧犊牛中，常见于3～4月龄的犊牛，几周龄的犊牛很少发生。常见于沙壤质，特别是多雨及经常遭受冲蚀的土壤和泥煤地。

【临床症状】 原发性铜缺乏症的病牛食欲减退，异嗜，生长发育缓慢，犊牛更为明显，被毛无光泽，黑色毛变为锈褐色，红毛变为暗褐色，眼周围被毛由于褪色或脱毛，呈无毛或白色似眼镜外观，伴有消瘦、严重腹泻、脱水和贫血症状。妊娠母牛缺铜，泌乳性能降低，所产犊牛多表现跛行，关节肿大，骨皮质变薄，骨质脆弱，易发生骨折。

间接铜缺乏常见于哺乳或放牧犊牛。症状基本同于原发性缺铜，但贫血程度较轻，而腹泻症状较重，多呈持续性腹泻。

三、防治措施

【治疗】　注射或口服含铜制剂，注射或口服剂量参照说明书。

【预防】　该病预防的重点为保证牦牛摄入足量的铜，放牧牦牛可以通过注射含铜缓释剂或者舔食矿物元素舔砖对铜进行补充，具体使用方法和补充剂量参照说明书。另外，对铜缺乏的土壤可施用含铜肥料，从而提高牧草中铜含量。

Chapter 6

第六章
常用疫苗和药物

第一节　常用的疫苗

使用疫苗等生物制品时，应符合《中华人民共和国兽用生物制品质量标准》的规定。下面对一些常用牦牛疫病防控的疫苗及注意事项进行简单介绍。

1. 牛口蹄疫双价（O 型、A 型）灭活疫苗

（1）用途　用于各种年龄的黄牛、水牛、牦牛预防接种和紧急接种。

（2）性状　乳白色或略带粉红色的黏滞性乳状液体，长期静置，表面有少量油滴，瓶底有微量水珠，振摇后呈均匀性浊状。

（3）保存期　4～8℃干燥、冷暗藏处保存，有效期为 10 个月。

（4）用法与用量　肌内注射。1 岁以上牦牛注射 3mL；12 月龄以下的犊牛注射 2mL；妊娠母牛，产前 3 个月肌内注射 3mL/头。每年注射 2 次，间隔 6 个月。

（5）免疫期　6 个月。

2. 无荚膜炭疽芽孢苗

（1）用途　用于预防除山羊外的动物的炭疽。

（2）性状　本品静置时，上层为白色或微黄色透明液体，瓶底部有少量灰白色沉淀，振摇后呈微混浊、淡乳白色混悬液。

（3）保存期　2～15℃干燥冷藏处保存，有效期为 2 年。

（4）用法与用量　颈部或肩膀后部皮下注射。1 岁以上牦牛注射 1.0mL，1 岁以下牦牛注射 0.5mL。

（5）免疫期　本品注射后 14d 可产生坚强免疫力，免疫期 1 年。

（6）注意事项　本疫苗不可与其他菌苗、疫苗、血清等混合注射；注射后 1～3d 可能有体温反应，有时在注射部位发生核桃大小的肿胀，这些均属正常反应，一般经 3～10d 即可消失。

3. 气肿疽灭活菌苗

（1）用途　用于预防牛、羊气肿疽。

（2）性状　本品静置时，上层为淡黄色透明液体，瓶底部有灰白色或棕色沉淀，振摇后呈均匀混浊液。

（3）保存期　2～8℃干燥冷藏处保存，有效期为 2 年。室温保存，有效期 14 个月。

（4）用法与用量　不同日龄牛均皮下注射 5mL。6 月龄以下的小牛，首次用苗半年时，应再注射菌苗 1 次。

（5）免疫期　本品注射后 14d 可产生坚强免疫力，免疫期约为 6 个月。

（6）注意事项　注射后 3d 内可能出现体温升高；注射部位可能出现肿胀现象，一般数日后可恢复正常。

4. 肉毒梭菌（C 型）灭活菌苗

（1）用途　可用于预防牛、羊、水貂等动物的 C 型肉毒梭菌中毒症。

（2）性状　本品静置时，上层为淡黄色透明液体，瓶底部有灰白色沉淀，振摇后呈均匀混浊液。

（3）保存期　2～8℃阴暗、干燥处保存，有效期 1 年。

（4）用法与用量　牦牛皮下注射 2.5mL。

（5）免疫期　1 年。

5. 布鲁氏菌弱毒疫苗

（1）用途　布鲁氏菌 M_5 - 90 弱毒菌株，用于预防牛、山羊、绵羊、鹿布鲁氏菌病。

（2）性状　为灰白色或淡黄色海绵状疏松团块，易与瓶壁脱离，加水后迅速溶解。

（3）保存期　在 0～8℃保存，有效期为 1 年。

（4）用法与用量　按标签注明的活菌数加入适量的灭菌生理盐水稀释。牛皮下注射活菌 250 亿个/头；牛室内喷雾活菌 250 亿个/头；牛室外喷雾活菌 400 亿个/头。

（5）免疫期　1 年。

（6）注意事项　①母牛宜在配种前 1～2 个月免疫接种。公牛宜在性成熟前免疫接种。妊娠牛不应接种。②本苗具有一定的残余毒力，操作人员必须事先做好自身防护，不可徒手拌苗。③用过的器皿、用具及菌苗空瓶，应立即煮沸消毒后才能丢弃，以免菌液污染周围环境。

6. 牛巴氏杆菌病双价灭活菌苗

（1）用途　由 A 型和 B 型多杀性巴氏杆菌灭活后制备，用于预防牛巴氏杆菌病（牛出血性败血病）。

（2）性状　静置后上层为淡黄色透明液体，下层有多量灰白色沉淀物，振摇后呈均匀混悬液。

（3）保存期　2～15℃干燥、冷暗处保存，有效期为 1 年，28℃可保存 9 个月。

（4）用法与用量　肌内或皮下注射。用量按动物体重计算，体重 100kg 以下的 4mL/头，体重 100kg 以上的牛 6mL/头。

（5）免疫期　注射后 21d 产生免疫力，免疫期为 9 个月。

（6）注意事项　①可在注射部位出现硬结肿胀，但对健康无影响。② 1 岁以下的牛注苗后，个别牛可能发生过敏。③瘦弱、患病和妊娠后期的牛不宜注苗。

7. 牛副伤寒灭活菌苗

（1）用途　由免疫原性好的多株沙门氏菌菌株灭活后制备，用于预防牛副伤寒。

（2）性状　静置后上层为灰白色澄明液体，下层为灰白色沉淀物，振摇后呈均匀混悬液。

（3）保存期　2～8℃干燥、冷暗处保存，有效期为1年。

（4）用法与用量　肌内注射。1岁以上的牛2mL/头，1岁以下的牛1mL/头。为增强免疫力，在第一次注苗后10d，以同等剂量再接种1次。在已发生副伤寒的牛群中，应对2～10日龄的犊牛注苗1mL。妊娠母牛应在产前2个月时注苗，所产犊牛应于1月龄时注苗。

（5）免疫期　注苗后14d产生免疫力，免疫期为6个月。

（6）注意事项　①可在注射部位出现硬结肿胀，但对健康无影响。②瘦弱和患病牛不宜注苗。

8. 牛病毒性腹泻、牛传染性鼻气管炎二联灭活疫苗

（1）用途　牛病毒性腹泻病毒（BVDV）/NMG株＋牛传染性鼻气管炎病毒（IBRV）/LY株灭活后制备，用于预防牛病毒性腹泻、牛传染性鼻气管炎。

（2）性状　乳白色或淡粉红色乳剂。

（3）保存期　2～8℃干燥、冷暗处保存，有效期为1年。

（4）用法与用量　肌内注射。2月龄以上牛，每头2mL，首免后21d加强免疫1次。以后每隔4个月免疫1次，每头2mL。

（5）免疫期　注苗后14d产生免疫力，免疫期为4个月。

第二节　免疫接种的注意事项

牦牛的免疫接种是预防控制牦牛传染病的关键措施之一。疫苗免疫过程中有许多需要注意的地方以确保疫苗免疫的效果。比如，对疫苗的采购、运输和保存，做好免疫前的准备工作，保证免疫过程中的无菌操作和对特殊免疫反应的处置等。

一、疫苗的正确采购及运输保存

为确保疫苗的免疫效果，在购置疫苗时应经过正规渠道有针对性地采购相应品牌疫苗，严禁使用"三无"产品。疫苗保存和运输过程中应严格遵循低温、避光的要点，运输疫苗时必须有冷藏设施，若无冷藏设施一定要加冰运输，避免阳光直射。弱毒活疫苗一般需要冷冻保存；灭活疫苗在运输过程中也应保持低温，储存时一般放置于冰箱冷藏室，不能冻结，否则容易影响疫苗免疫效力。

二、免疫前的准备

1. 检查疫苗性状并严格按说明书要求使用 疫苗使用前应逐瓶检查包装是否完好，有无破损，同时查看疫苗标签的生产日期和有效期，有无生产批号等。对油乳剂破乳、失真空、颜色异常、有沉淀异物或发霉发臭的疫苗坚决不能使用。仔细阅读疫苗的使用说明，特别注意每头动物注射剂量、使用方法等有关注意事项，并严格遵守说明书要求。

2. 对接种器械进行严格消毒处理 免疫注射前使用的各类用具应隔水蒸煮消毒；针头蒸煮消毒时，应把注射灭活疫苗的针头和注射活疫苗的针头分别用纱布包成小包。消毒后组装部件时，应用镊子夹取部件和针头，以防污染，组装好的注射器和针头必须吻合无隙，且通畅无漏液。

3. 疫苗的正确稀释 疫苗稀释时必须严格按说明书规定的头份、稀释倍数进行稀释，不得随意改变稀释倍数。稀释疫苗时，要先除去封口上的石蜡，用酒精或碘酒消毒，再用无菌干棉球擦干，已开瓶或稀释的弱毒活疫苗应立即使用，严禁反复冻融。灭活苗，如口蹄疫苗使用前不需要稀释，从冰箱取出后，需在室温复温后免疫，注射前充分摇匀，开封后必须当天使用。

三、严格免疫接种过程中的无菌操作

参与免疫接种相关人员，应穿戴防护服、手套、口罩等相关防护用具，防止致病菌侵入人体。除去疫苗包装时应用碘伏或酒精对封口进行消毒，消毒后用无菌干棉球擦干，将灭菌针头插入瓶塞，固定在疫苗瓶上专供吸取疫苗所用。

动物免疫接种疫苗时应保定确实，防止因动物挣扎造成人畜伤害。免疫接种时还应坚持"一畜一针"原则。注射的剂量和部位要准确，不漏注、不空注，进针要稳，不得打"飞针"，拔针不宜太快，退针后要以干棉球按住注射部位，防止疫苗顺着针孔流出。对因操作不当造成疫苗注射剂量不足，应根据情况进行补免。

四、免疫反应的处置

动物在注射疫苗后，个别动物会出现轻微的局部或全身反应，属正常现象，不经任何处理在 2~3d 后，症状会自行消失。对反应严重的动物可皮下注射 1‰肾上腺素，也可根据情况适当对症治疗。

五、正确做好免疫废弃物处理

免疫时使用的酒精棉球和未用完的疫苗应进行无害化处理，如用焚烧、深埋的方式处理，切忌在栏舍内乱扔乱放，防止散毒。深埋处理免疫废弃物时必须深埋 1.5m 以上，未用完的弱毒活疫苗和空瓶必须煮沸消毒后再进行无害化处理。

第三节 牦牛用药常识

牦牛为反刍动物，有瘤胃、网胃、瓣胃和皱胃（真胃）

4个胃,其中瘤胃体积最大,其内寄居丰富的细菌和纤毛虫等多种微生物,是草料发酵的主要场所。瘤胃微生物协助牦牛消化草料,同时合成蛋白质、氨基酸、多糖和维生素等营养成分以供自身生长和繁殖的需要。牦牛口服抗菌药物会杀死瘤胃微生物或破坏瘤胃微生物区系的相对平衡,导致草料的消化活动无法正常进行。同时,瘤胃内细菌和纤毛虫等微生物也会造成某些抗生素降解或代谢成有害物质,从而引起药物中毒。因此,给牦牛用药时,一定要考虑抗菌药物与瘤胃内细菌和纤毛虫等微生物的相互作用,保持微生物区系平衡的同时,确保抗菌药物对胃肠道疾病防控的最优效果。

目前,用于牦牛疾病防治的药物种类较少,但药物不合理使用现象依然存在,尤其是很多药物直接从牛、羊或其他食品动物移植而来,尚缺乏对牦牛用药的安全性评价,且药物在牦牛源食品中的消除规律和残留研究仍属空白。因此,为保证发挥治疗作用的同时避免药物残留,对牦牛合理用药势在必行。

一、合理用药的概念

合理用药是指在了解药物和疾病的基础上,安全、有效、适时、简便、经济地使用药物,从而达到以最小的医疗资源投入而取得最大经济和社会效益及最小不良反应的目的。

二、合理用药的基本原则

简单地讲就是安全、有效、经济、方便地使用药物,在安全的前提下确保用药有效,在安全有效的前提下经济和方便使用。包括6个方面:

(1)正确的临床诊断,严格掌握药物适应证,用药指征明确。

(2)注意发病史和用药史、药物的选择(疗效高、毒性低）和用法（合理的疗程和合理的停药），制订周密的用药计划。

（3）重视个体化和群体化给药相结合。

（4）注意药物之间的相互作用，避免不良反应，合理联合用药。

（5）正确处理对因和对症治疗的关系，选择最佳的用药方案。

（6）重视药物经济学，降低养殖投入的同时提升经济效益，避免药物残留。

第四节　抗感染药物

一、抗微生物药物的概念及其分类

抗微生物药物是一类对细菌、真菌、支原体、立克次氏体、衣原体、螺旋体和病毒等微生物具有选择性抑制或杀灭作用，主要用于防治此类微生物所致感染性疾病的化学物质。

根据病原体的不同分为抗菌药、抗病毒药、抗真菌药等。

二、抗菌药的概念、抗菌谱和不良反应

抗菌药分为抗生素和合成抗菌药。抗生素是细菌、真菌、放线菌等微生物在生长繁殖过程中产生的代谢产物，在很低浓度下即能抑制或杀灭其他微生物的化学物质。有些抗生素具有抗病毒、抗肿瘤或抗寄生虫的作用。

1. β-内酰胺类　青霉素类（青霉素、阿莫西林等）、头孢菌素类（头孢噻呋、头孢维星等）、克拉维酸等。

青霉素类杀菌能力强，常与克拉维酸等内酰胺酶抑制剂联合应用，用于治疗革兰氏阳性菌如葡萄球菌、链球菌等引起的感染。

主要不良反应为过敏反应，同时具有一定的肾毒性。大多数不能口服给药，酸性或碱性太强均影响其药效。

2. 氨基糖苷类 链霉素、卡那霉素、庆大霉素、大观霉素等。

氨基糖苷类口服难吸收，对需氧革兰氏阴性杆菌的作用最强，主要用于治疗肠道感染。

主要不良反应为耳毒性和肾毒性。肾脏功能不全或水盐代谢障碍性疾病均应避免使用。发生不良反应时采用葡萄糖酸钙、肾上腺素、新斯的明等解救。

3. 四环素类 土霉素、四环素、多西环素等。

四环素类属广谱抗生素，对革兰氏阴性菌和阳性菌、螺旋体、立克次氏体、支原体、原虫等均产生抑制作用。

主要不良反应为胃肠道反应、二重感染、抑制骨骼和牙齿生长。不宜与含多价金属离子的药物或饲料共用。不宜内服，以免影响肠道微生物平衡。碱性条件过强不利于药物吸收。

4. 酰胺醇类 甲砜霉素、氟苯尼考等。

酰胺醇类属广谱抗生素，对阴性菌的抑制作用强于阳性菌，尤其对肠杆菌科细菌的抑制作用较强。

主要不良反应为抑制骨髓造血功能，可逆性引起各类血细胞减少。不能大剂量或长时间使用。

5. 大环内酯类 红霉素、泰乐菌素、替米考星等。

大环内酯类主要对大多数革兰氏阳性菌、少数革兰氏阴性菌和支原体的抑制作用较强，常用于支原体与细菌混合感染的治疗。

主要不良反应为胃肠道反应，红霉素偶可致肠道菌株失调引起伪膜性肠炎。长期使用抑制肝脏功能。

6. 林可胺类 林可霉素、克林霉素等。

林可胺类主要对革兰氏阳性菌和支原体的抑制作用较强，

对厌氧菌也有较强的抑制作用。

本类药物使用剂量过大会引起腹泻，应引起注意。

7. 截短侧耳素类 泰妙菌素、沃尼妙林等。

截短侧耳素类对支原体的抑制作用较强，常用于传染性胸膜肺炎的治疗。

本类药物会引起聚醚类抗生素中毒，应引起注意。

8. 磺胺及抗菌增效剂 磺胺类药物主要有磺胺嘧啶、磺胺间甲氧嘧啶、磺胺喹噁啉、磺胺二甲嘧啶等。增效剂主要有甲氧苄啶、二甲氧苄啶等。

磺胺药为广谱抑菌剂，对细菌、衣原体和原虫也有作用。常与增效剂合用，扩大抗菌谱，抗菌活性大大增强，从抑菌作用变为杀菌作用。

主要不良反应为结晶尿、血尿、蛋白尿。使用磺胺类药物要注意增加饮水量以加快排出，也可用碳酸氢钠等碱化尿液，避免尿结晶产生。

9. 氟喹诺酮类 恩诺沙星、沙拉沙星等。

氟喹诺酮类杀菌力强，对细菌、支原体、衣原体等均有作用，对厌氧菌引起的深部感染也有较强的治疗作用。常用于牛大肠杆菌性腹泻、大肠杆菌性败血症和犊牛沙门氏菌感染等的治疗。

主要不良反应为影响负重关节软骨组织、损伤泌尿生殖道、引起胃肠道反应和光敏反应。一旦出现症状，停药并用肾上腺素解救。

三、抗真菌药

浅表真菌感染常侵袭皮肤、毛发、趾甲等。深部真菌感染主要侵犯机体的深部组织及内脏器官，如犊牛真菌性胃炎、牛真菌性子宫炎等。国内外兽医临床批准的抗真菌药较少，大多数毒性较大。常用的有酮康唑、克霉唑等。

四、抗病毒药

病毒病主要靠疫苗预防，目前尚无对病毒作用可靠、疗效确实的药物。兽医临床不主张食品动物（包括牦牛）使用抗病毒药。多用中草药对某些病毒感染性疾病进行防治，如板蓝根、大青叶、地丁、黄芩、黄芪等。

五、抗菌药的合理使用

1. 正确诊断，严格掌握抗菌药的适应证　首先对病料作细菌学分离鉴定，确定病原微生物后，根据药物的抗菌谱、活性、不良反应、药源、价格等情况，选用合适药物。当病原菌确定时，可选用窄谱抗菌药；病原不明或疑有合并感染时，则选用广谱抗菌药。避免无指征或指征不强而乱用抗菌药。各种病毒性感染不宜用抗生素治疗，因为抗生素对病毒无效；治疗真菌性感染也不宜选用一般的抗生素。

革兰氏阳性菌引起的疾病如葡萄球菌病、链球菌病等，一般可选用 β-内酰胺类、红霉素、林可霉素等抗生素；革兰氏阴性菌引起的疾病如大肠杆菌病、沙门氏菌病、肠道感染性疾病、泌尿生殖道感染等则优先选用氨基糖苷类等抗生素；支原体引起的呼吸道病首选泰乐菌素、泰妙菌素、替米考星、林可霉素等。

2. 制订合理的给药方案　包括药物品种的选择、给药途径、剂量、给药间隔时间及疗程等。例如，肠道感染应首先选用内服吸收少的药物如氨基糖苷类、黏菌素等。

一般来讲，危重病例应以静脉注射或肌内注射给药，消化道感染以内服为主；严重消化道感染和并发败血症、菌血症时，除内服外可配合注射给药。食欲下降或废绝时宜选择注射给药。

按照说明书规定的使用剂量，不要随意改变。剂量过大造成药物浪费，增加成本，而且造成药物残留超标，严重时更可引起毒性反应。剂量过小达不到防治效果，而且易诱发细菌产生耐药性。

疗程应充足，一般的感染性疾病可连续用药 2～3d；磺胺类药物首次使用剂量需加倍，疗程 4～5d；支原体病的治疗要求疗程较长，一般需 5～7d。症状消失后，最好再用药巩固1～2d或增加一个疗程，以防复发。

3. 避免产生耐药性　应注意以下几点：

（1）严格掌握适应证，不滥用抗菌药物，非必用的尽量不用，单一抗菌药物有效的不采用联合用药。

（2）严格掌握用药指征，剂量要够，疗程要恰当。按照《中华人民共和国兽药典》规定的适应证、剂量和疗程用药，兽医师可根据患病情况在规定范围内做必要的调整。

（3）避免局部用药，杜绝不必要的预防用药。

（4）病因不明者不轻易使用抗菌药。

（5）耐药菌株感染应及时换用敏感药物或联合用药。

（6）尽量减少长期用药。

4. 防止药物的不良反应　有些抗菌药在常用剂量时也产生不良反应，如氨基糖苷类的肾毒性。肝脏或肾脏功能障碍的患病动物，易引起由肝脏代谢或肾脏清除的药物蓄积而产生的不良反应，应调整给药剂量或延长给药间隔时间，以避免药物的蓄积性中毒。不同年龄、性别或妊娠动物对同一抗菌药的反应也有差别。老龄动物肝肾功能减退，对抗菌药较为敏感；营养不良、体质衰弱的牦牛对药物的敏感性较高，容易产生不良反应，应适当调整剂量。新生或幼龄牦牛的肝脏酶系发育不全，血浆蛋白结合率和肾小球滤过率较低，血脑屏障机能尚未完全形成，对抗菌药的敏感性较高，用药应格外谨慎。一经发现应及时停药、更换药物并采取相应解教措施。

5. 抗菌药物的联合应用　联合用药的指征：

（1）一种药物不能控制的严重感染或/和混合感染，如支原体、胸膜脑炎放线杆菌等引起的呼吸道混合感染。

（2）病因未明的多重感染，先联合用药，确诊后再调整用药。

（3）长期用药容易出现耐药性的细菌感染，如慢性乳腺炎、子宫内膜炎。

（4）使毒性较大的药物减小剂量并减轻毒性反应。

兽医临床抗菌药物联合应用的例子很多。如青霉素类和氨基糖苷类药物的合用，常用于细菌引起的混合感染，但应注意二者的平衡比例，避免对肾脏机能的损伤；磺胺类药物、庆大霉素、四环素、红霉素等和增效剂合用，使其抗菌谱扩大，抗菌活性增强；林可霉素和大观霉素合用，常用于细菌和支原体混合感染引起的呼吸道疾病；青霉素和磺胺嘧啶合用疗效增加，常用于脑膜炎的治疗；泰妙菌素和金霉素合用，不仅减少泰妙菌素的用量，同时起到协同治疗呼吸道感染的作用。

6. 避免动物源性食品中的抗菌药残留　抗菌药原形或其代谢产物和有关杂质可能蓄积、残存在牦牛肌肉、奶、脂肪和内脏（如肝、肾）中造成残留。把抗菌药残留降到最低乃至消除，保证牦牛源性食品的安全，应做好下列几方面的工作：

（1）严格执行兽药使用登记制度。对抗菌药种类、剂型、剂量、给药途径、间隔、疗程等进行登记。

（2）严格遵守休药期规定。必须遵守农业农村部的有关规定，严格执行休药期，保证抗菌药残留不超标。

（3）避免标签外用药。某些特殊情况下需要标签外用药时，必须采取延长休药期等适当措施加以避免，保证消费者的安全。

（4）严禁非法使用违禁药物。各国对食品动物禁用抗菌药品种都做了明确规定，我国兽药管理部门也规定了禁用抗菌药清单，应严格执行这些规定。

第五节　抗寄生虫药物

引起牦牛寄生虫疾病的寄生虫种类繁多，体内寄生虫主要有蠕虫（包括线虫、绦虫、吸虫）、原虫等，体外寄生虫主要包括螨、蜱、虱、蚤、蚋、库蠓、蚊、蝇、伤口蛆等节肢动物，其中以包虫病为首的寄生虫病一直是危害牦牛健康最严重的疾病之一。寄生虫不仅与牦牛争夺营养，同时作为传播媒介可以在牦牛和人之间传播一些传染病。

一、抗寄生虫药概念及其分类

抗寄生虫药是用于驱除或杀灭体内外寄生虫以降低或消除其危害的药物。分为抗蠕虫药、抗原虫药和杀虫药3类。

二、理想抗寄生虫药应具备的条件

1. 安全　对虫体毒性大，对宿主毒性小或无毒性的抗寄生虫药是安全的。

2. 高效、广谱　高效是指应用剂量小、驱杀寄生虫的效果好，而且对成虫、幼虫，甚至虫卵都有较高的驱杀效果。广谱是指对混合感染，特别是不同类别寄生虫的混合感染均有效。

3. 具有适于群体给药的理化特性　内服给药的躯体内寄生虫药应无味、适口性好。注射给药的制剂对局部应无刺激性。体外寄生虫药应能溶于一定溶媒中，以喷雾等方法群体给药杀灭体外寄生虫。

4. 价格低廉

5. 无残留　无残留或很少残留于肉、乳及其制品中，或通过遵守休药期等措施能够控制药物的残留。

三、抗寄生虫药应用的注意事项

（1）正确认识和处理好药物、寄生虫和宿主3者之间的关系，合理使用抗寄生虫药。

（2）控制好药物的剂量和疗程，以免发生大批中毒。

（3）防治寄生虫病时，应避免或减少长期使用某些抗寄生虫药，以免虫体产生耐药性。

（4）遵守有关抗寄生虫药物的最高残留限量和休药期的规定，避免药物残留危害消费者的健康和造成公害。

四、抗蠕虫药

抗蠕虫药是指能杀灭或驱除寄生于体内蠕虫的药物，亦称驱虫药。

1. 驱线虫药　对牦牛危害比较大的线虫主要包括胃肠道线虫（食道口线虫、奥斯特线虫、血矛线虫等）、呼吸道线虫（胎生网尾线虫等）和眼丝虫等。

目前常用的驱线虫药有抗生素类（伊维菌素、阿维菌素、多拉菌素等）、苯并咪唑类（阿苯达唑、甲苯达唑、芬苯达唑、苯双硫脲等）、咪唑并噻唑类（左旋咪唑、四咪唑等）、四氢嘧啶类（噻嘧啶、羟嘧啶等）、有机磷化合物（敌百虫、敌敌畏等）、其他驱线虫药（哌嗪、乙胺嗪等）。

2. 驱绦虫药　绦虫发育过程中各有其中间宿主。要彻底消灭绦虫病，使用驱绦虫药时还要采取综合防治措施控制绦虫的中间宿主，以阻断其传播。

目前常用的驱绦虫药主要有吡喹酮、氢溴酸槟榔碱、氯硝柳胺（灭绦灵）、硫双二氯酚等。

3. 驱吸虫药 除吡喹酮、硫双二氯酚及苯并咪唑类药物具有驱吸虫作用外，还有多种驱肝片吸虫的药物如硝氯酚、碘醚柳胺等。

4. 抗血吸虫药 吡喹酮为首选抗血吸虫药，是较理想的新型广谱驱绦虫药、驱吸虫药和抗血吸虫药。此外，还有硝硫氰酯、硝硫氰氨等。

五、抗原虫药

1. 抗球虫药 在使用抗球虫药物时，必须考虑如何最大限度控制球虫病，把球虫病造成的损失降至最低；如何才能推迟球虫对所用抗球虫药产生耐药性，以尽量延长有效药物的使用寿命。抗球虫药的选择、给药程序和不同程序之间的轮换方式取决于诸多因素。如各种不同抗球虫药的特性、使用历史、过去的使用效果；球虫病的流行病学、耐药虫株存在情况及其对各种药物耐药性出现的速度等。

常用药物有地克珠利、妥曲珠利、氨丙啉、磺胺喹噁啉、磺胺氯吡嗪等。

2. 抗锥虫药 防治牦牛锥虫病的药物有三氮脒、苏拉明、锥灭定等。此外，杀灭蠓及其他吸血蚊等中间宿主是一个重要环节。

3. 抗梨形虫药 防治梨形虫病除应用抗梨形虫药外，杀灭中间宿主蜱是一个重要的环节。除三氮脒外，其他常用药物有硫酸喹啉脲、青蒿琥酯等。

4. 抗滴虫药 对牛危害较大的主要是寄生于牛生殖器官的毛滴虫，导致流产、不孕和生殖力下降。常用的抗滴虫药有甲硝唑和地美硝唑等。

六、杀虫药

1. 杀虫药的概念 对体外寄生虫具有杀灭作用的药物称

为杀虫药。杀虫药一般对虫卵无效，因而必须间隔一定的时间重复用药。

一般来讲，杀虫药对动物都有一定的毒性，甚至在规定剂量范围内也会出现不同程度的不良反应。除依规定的剂量及用药方法使用外，还需密切注意用药后的反应，若有中毒迹象应立即采取抢救措施。

2. 杀虫药的作用方式

（1）局部用药　多用于个体杀虫，一般应用粉剂、溶液、混悬液、油剂、乳剂和软膏等局部涂擦、浇淋和撒布等。任何季节均可进行，剂量亦无明确规定，按规定的有效浓度使用即可，但用药面积不宜过大，浓度不宜过高。

（2）全身用药　多用于群体杀虫，一般采用喷雾、喷洒、药浴，适用于温暖季节。必须注意药液的浓度和剂量。药浴时需注意药液的浓度、温度以及在药池的停留时间。

3. 杀虫药的分类

（1）有机磷类　为传统杀虫药，具有杀虫谱广、残效期短的特点。常用药物有二嗪农、倍硫磷、敌百虫、敌敌畏、皮蝇磷等。使用时若遇严重中毒，宜选用阿托品或解磷定等进行解救。

（2）拟除虫菊酯类　拟除虫菊酯类性质不稳定，进入机体后即迅速降解灭活。不能内服或注射给药。虫体对本类药品能迅速产生耐药性。常用药物有溴氰菊酯等。

（3）大环内酯类　常用的是阿维菌素类药物，具有高效驱杀线虫、寄生性昆虫和螨的作用，一次用药可同时驱杀体内外寄生虫。

（4）其他类　常用的有双甲脒等。

七、常用抗寄生虫药物使用及其注意事项

1. 伊维菌素/阿维菌素　对牦牛体内、体外寄生虫均有

一定的驱杀作用。安全范围较大，不良反应很少，但超剂量可引起中毒，主要表现为神经症状，可用镇静药缓解症状。

2. 吡喹酮　对绦虫、吸虫、线虫等均有杀灭作用。安全范围较广，部分牛高剂量使用时会出现体温升高、肌肉震颤、膨气等反应。

3. 阿苯达唑类　阿苯达唑及同类药物常用作驱吸虫药，对大多数胃肠道线虫成虫及幼虫均有良好驱除效果。该类药物具有一定的致畸性，注意使用剂量以保证其对牦牛安全的同时避免在牦牛源食品中的残留。

4. 三氮脒（贝尼尔）　对血液原虫治疗效果较好。毒性大、安全范围较小，应用治疗量有时也会出现起卧不安、频尿、肌肉震颤等不良反应。大剂量使用会引起产奶量下降。休药期较长，注意使用剂量。

5. 双甲脒　对疥螨、痒螨、蜱、虱等各阶段虫体均有极强的杀灭效果。注意使用剂量的同时保证其对牦牛安全和避免在牦牛源食品中的残留。

6. 有机磷类　对消化道线虫吸虫均有一定的驱杀效果，对体外寄生虫也有一定的杀灭作用。治疗量与中毒量很接近，易发生中毒，引起腹痛、流涎、缩瞳、呼吸困难、肌肉痉挛、昏迷直至死亡等，可用阿托品和解磷定类药物解救。

7. 左咪唑　为广谱、高效、低毒驱虫药，对牦牛主要消化道线虫和肺线虫有极佳的驱虫作用。剂量过大出现毒副作用可用阿托品解救。

第六节　牦牛禁用药物

目前，农业农村部相关公告列举食品动物禁用兽药和添加剂名单，但尚未明确禁用牦牛的药物，其他食品动物使用的大多数化疗药物均可用于牦牛，但应注意其使用剂量、给药途径及残留等问题。本书对禁用于食品动物的化疗药物进行简单列举如下。

一、禁用于所有食品动物的兽药

1. 兴奋剂类　克仑特罗、沙丁胺醇、西马特罗及其盐、酯及制剂。

2. 性激素类　己烯雌酚及其盐、酯及制剂。

3. 具有雌激素样作用的物质　玉米赤霉醇、去甲雄三烯醇酮、醋酸甲孕酮及制剂。

4. 氯霉素及其盐、酯（包括琥珀氯霉素）及制剂。

5. 氨苯砜及制剂

6. 硝基呋喃类　呋喃西林和呋喃妥因及其盐、酯及制剂；呋喃唑酮、呋喃它酮、呋喃苯烯酸钠及制剂。

7. 硝基化合物　硝基酚钠、硝呋烯腙及制剂。

8. 催眠、镇静类　安眠酮及制剂。

9. 硝基咪唑类　替硝唑及其盐、酯及制剂。

10. 喹噁啉类　卡巴氧及其盐、酯及制剂。

11. 抗生素类　万古霉素及其盐、酯及制剂。

12. 其他　2015 年新增的洛美沙星、培氟沙星、氧氟沙星、诺氟沙星等 4 种原料药的各种盐、酯及其各种制剂。

二、禁用于所有食品动物、用作杀虫剂、清塘剂、抗菌或杀螺剂的兽药

林丹（丙体六六六）、毒杀芬（氯化烯）、呋喃丹（克百威）、杀虫脒（克死螨）、酒石酸锑钾、锥虫胂胺、孔雀石绿、五氯酚酸钠及各种汞制剂，包括氯化亚汞（甘汞）、硝酸亚汞、醋酸汞、吡啶基醋酸汞等。

三、禁用于所有食品动物用作促生长的兽药

1. 性激素类 甲基睾丸酮、丙酸睾酮、苯丙酸诺龙、苯甲酸雌二醇及其盐、酯及制剂。

2. 催眠、镇静类 氯丙嗪、地西泮（安定）及其盐、酯及其制剂。

3. 硝基咪唑类 甲硝唑、地美硝唑及其盐、酯及制剂。

四、其他违禁药物和非法添加物

禁止在饲料和动物饮用水中使用的药物品种：

1. 肾上腺素受体激动剂 盐酸克仑特罗、沙丁胺醇、硫酸沙丁胺醇、莱克多巴胺、盐酸多巴胺、西巴特罗、硫酸特布他林。

2. 性激素 己烯雌酚、雌二醇、戊酸雌二醇、苯甲酸雌二醇、氯烯雌醚、炔诺醇、炔诺醚、醋酸氯地孕酮、左炔诺孕酮、炔诺酮、绒毛膜促性腺激素（绒促性素）、促卵泡生长激素（尿促性素主要含卵泡刺激和黄体生成素）。

3. 蛋白同化激素 碘化酪蛋白、苯丙酸诺龙及苯丙酸诺龙注射液。

4. 精神药品 （盐酸）氯丙嗪、盐酸异丙嗪、安定（地西泮）、苯巴比妥、苯巴比妥钠、巴比妥、异戊巴比妥、异戊巴比妥钠、利血平、艾司唑仑、甲丙氨脂、咪达唑仑、硝西泮、奥沙西泮、匹莫林、三唑仑、唑吡旦、其他国家管制的精神药品。

5. 各种抗生素滤渣 该类物质是抗生素类产品生产过程中产生的工业三废，因含有微量抗生素成分，使用后对动物有一定的促生长作用。但对养殖业的危害很大，一是容易引起耐药性，二是由于未做安全性试验，存在各种安全隐患。

6. 2020 年新增禁用抗生素类饲料添加剂 土霉素预混

剂、土霉素钙预混剂、亚甲基水杨酸杆菌肽预混剂、那西肽预混剂、杆菌肽锌预混剂、恩拉霉素预混剂、喹烯酮预混剂、黄霉素预混剂（发酵）、黄霉素预混剂、维吉尼霉素预混剂。

参 考 文 献

陈怀涛，2004. 牛羊病诊治彩色图谱［M］. 北京：中国农业出版社.

陈溥言，2016. 兽医传染病学［M］. 6版. 北京：中国农业出版社.

陈杖榴 曾振灵，2017，兽医药理学［M］. 4版. 北京：中国农业出版
社.

崔中林，2007，奶牛疾病学［M］. 北京：中国农业出版社.

郭宪 胡俊杰 阎萍，2018，牦牛科学养殖与疾病防治［M］. 北京：中国
农业出版社.

胡功政，李荣誉，2015，新全兽药手册［M］. 5版. 郑州：河南科学技
术出版社.

姜平，2015，兽医生物制品学［M］. 3版. 北京：中国农业出版社.

金东航，2020，牛病类症鉴别与诊治彩色图谱［M］. 北京：化学工业
出版社.

陆承平，2013，兽医微生物学［M］. 5版. 北京：中国农业出版社.

罗晓林，2019，中国牦牛［M］. 成都：四川科学技术出版社.

汪明，2013，兽医寄生虫学［M］. 3版. 北京：中国农业出版社.

王春璈，2013，奶牛疾病防控治疗学［M］. 北京：中国农业出版社.

王凤英 陶庆树，2014，牛羊常见病诊治实用技术［M］. 北京：机械工
业出版社.

王建华，2014，兽医内科学［M］. 4版. 北京：中国农业出版社.

王俊东 刘宗平，2017，兽医临床诊断学［M］. 2版. 北京：中国农业出
版社.

肖定汉，2012. 奶牛病学［M］. 北京：中国农业出版社.

图书在版编目（CIP）数据

牦牛常见疾病防治／张斌，汤承主编．—北京：中国农业出版社，2021.9
ISBN 978-7-109-28201-8

Ⅰ.①牦… Ⅱ.①张… ②汤… Ⅲ.①牦牛－牛病－防治 Ⅳ.①S858.23

中国版本图书馆 CIP 数据核字（2021）第 082584 号

中国农业出版社出版

地址：北京市朝阳区麦子店街 18 号楼
邮编：100125
责任编辑：周锦玉
版式设计：杜　然　责任校对：吴丽婷
印刷：北京印刷一厂
版次：2021 年 9 月第 1 版
印次：2021 年 9 月北京第 1 次印刷
发行：新华书店北京发行所
开本：850mm×1168mm　1/32
印张：3.75
字数：90 千字
定价：20.00 元